人文物理丛书

物理与
人类生活

张汉壮 王磊 倪牟翠

中国教育出版传媒集团
高等教育出版社·北京

内容提要

本书是针对希望对物理学基本规律及其应用性有所了解的读者而编写的。全书由绪论和第一至第六章组成。绪论部分描述了物理学大厦的轮廓，第一至第六章分别概述了机械运动、热运动、电磁现象、光现象、微观现象及时空结构等领域的知识体系的逻辑和发展简史，重点以 AR 演示、动画演示以及实物演示的教学手段，形象地展现了相关物理学规律及其应用实例。另有科学巨匠的传记录音，以展现科学家对物理学各领域的贡献。

针对本书的编写体系我们配套了全程的授课录像。通过扫描本书上的二维码，可浏览配套的授课录像，以及 AR 演示录屏、动画演示录屏和实物演示录像等多种演示资源。通过 email 联系作者，除了可获得上述的演示资源外，还可获得配套的授课电子教案（PPT），AR 交互性演示资源，为教师的授课提供信息化资源保障。

本书旨在对物理学基本规律及其应用实例的介绍与演示，可作为普通高等学校物理学类通识课程的教材或者辅助参考资料。

图书在版编目（CIP）数据

物理与人类生活 / 张汉壮，王磊，倪牟翠主编. -- 北京：高等教育出版社，2019.9（2024.1 重印）

ISBN 978-7-04-052218-1

Ⅰ. ①物… Ⅱ. ①张… ②王… ③倪… Ⅲ. ①物理学 – 高等学校 – 教材 Ⅳ. ① O4

中国版本图书馆 CIP 数据核字（2019）第 140755 号

WULI YU RENLEI SHENGHUO

策划编辑	王 硕	责任编辑	王 硕	封面设计	王 鹏	版式设计	马 云
插图绘制	于 博	责任校对	王 雨	责任印制	田 甜		

出版发行	高等教育出版社	网　　址	http://www.hep.edu.cn
社　　址	北京市西城区德外大街 4 号		http://www.hep.com.cn
邮政编码	100120	网上订购	http://www.hepmall.com.cn
印　　刷	涿州市京南印刷厂		http://www.hepmall.com
开　　本	787mm×1092mm　1/16		http://www.hepmall.cn
印　　张	10.25		
字　　数	230 千字	版　　次	2019 年 9 月第 1 版
购书热线	010-58581118	印　　次	2024 年 1 月第 4 次印刷
咨询电话	400-810-0598	定　　价	28.80 元

本书如有缺页、倒页、脱页等质量问题，请到所购图书销售部门联系调换
版权所有　侵权必究
物 料 号　52218-00

物理与人类生活

张汉壮
王 磊
倪牟翠

1. 计算机访问 http://abook.hep.com.cn/1256561，或手机扫描二维码、下载并安装 Abook 应用。
2. 注册并登录，进入"我的课程"。
3. 输入封底数字课程账号（20位密码，刮开涂层可见），或通过 Abook 应用扫描封底数字课程账号二维码，完成课程绑定。
4. 单击"进入课程"按钮，开始本数字课程的学习。

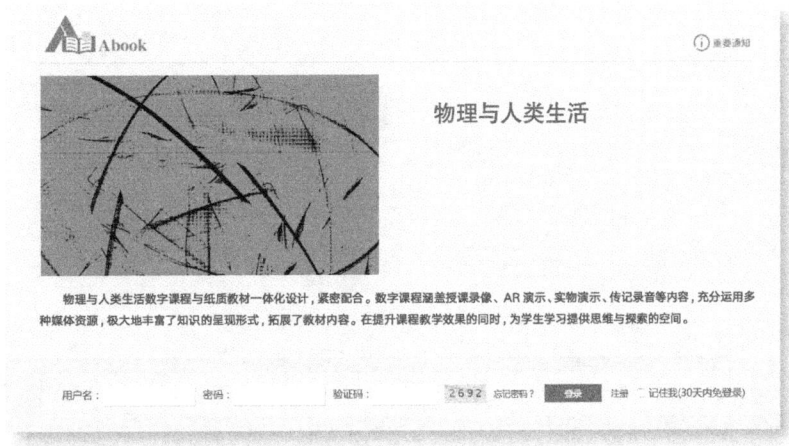

课程绑定后一年为数字课程使用有效期。受硬件限制，部分内容无法在手机端显示，请按提示通过计算机访问学习。

如有使用问题，请发邮件至 abook@hep.com.cn。

扫描二维码
下载 Abook 应用

授课录像

演示集锦

传记录音

AR下载

http://abook.hep.com.cn/1256561

作者简介

张汉壮，男，吉林大学物理学院教授，博士生导师，国家"万人计划"教学名师，政府特殊津贴获得者，宝钢优秀教师特等奖获得者，吉林省高级专家，吉林大学（力旺）杰出教学贡献奖获得者，任教育部物理学类专业教学指导委员会副主任委员，教育部物理学类专业教学指导委员会东北地区工作委员会主任委员，全国普通高校力学课程研究会理事长，中国大学先修课程（CAP）试点项目物理专家委员会秘书长等职。

张汉壮教授为面向物理学类专业本科生开设的"物理学导论""力学"以及面向非物理学类专业本科生开设的"物理与人类生活"等课程负责人。其中"力学"课程先后被评为国家精品课程、中国大学精品资源共享课、国家精品在线开放课程，所主编的《力学》被评为"十二五"普通高等教育本科国家级规划教材；"物理与人类生活"先后入选中国大学视频公开课、国家精品在线开放课程。张汉壮教授获得两项国家级教学成果二等奖。

张汉壮教授从事材料的超快动力学以及发光器件的研究，承担国家自然科学基金项目7项，及其他省部级项目多项，发表SCI学术论文百余篇，累计指导硕士、博士研究生及博士后百余人次。

作者email：zhanghz@jlu.edu.cn

作者的话

1. 编著《物理与人类生活》教材的意义

传说北宋著名文学家苏轼在游西湖时不慎将锡壶掉入西湖中，苏轼就此出了一个上联："提锡壶，游西湖，锡壶掉西湖，惜乎锡壶"。后人针对不同的事物景象，给出了不少调侃性的下联。其中，针对物理的学习，有人对出了"学物理，如雾里，雾里看物理，勿理物理"的下联，并给出了横批"探锡叹息"。由此调侃性的对联可以看出学习物理的难度。本教材的编著目的就是希望能够解析"如雾里，雾里看物理，勿理物理"的难度所在，帮助读者对物理学的基本规律以及实用性有个概括性的了解。

对物理学规律的逻辑不清会导致"如雾里"。物理学规律在形成的过程中，会经历现象的自然观测、人工实验、总结理论、指导实践、理论与实验的矛盾、理论再次升华等过程，最终形成了目前的物理学知识理论体系。因此，要想学好物理首先需要对物理学规律的逻辑有个清楚的认识。

对科学研究方法的不了解会导致"雾里看物理"。物理学规律是科学巨匠千年来的集体智慧结晶。在发现规律的过程中，科学家们探索出了多种发现问题、分析问题和解决问题的方法。因此，要想学好物理，需要了解科学家们发现规律的历史过程，这也是培养人的解决问题能力的有效手段。从时代发展的角度看，知识本身或许终将成为陈旧落后的内容，但在学习过程中所培养的逻辑思维能力和解决问题的能力会使人受益终生。

对物理学规律的实用性的不理解会导致"勿理物理"。物理学规律是用数学语言来表达的，它追求的是对自然界的统一而完美的描述，希望最少的基本原理、最简单的数学公式来表达基本规律，具有简单、和谐、对称的美学特征，公式的背后蕴含着科学的道理。正是如此美妙的理论在不断地指导着人类生产生活，推动着人类科技与文明的不断进步。因此，学好物理更加需要体会物理的实用性，这也是培养人的探索精神的过程。

基于上述的理解，为了帮助非物理学类专业的学生能够从物理的逻辑性、历史性和实用性的角度高效地了解物理，培养学生的物理科学素养，本书作者于2015年开设了中国大学视频公开课"物理与人类生活"。以此为基础，开设了多轮次的"物理与人类生活"MOOC。根据学习者对教材的需求的反馈意见，编著了《物理与人类生活》教材，以期达到更好的教学效果。

2. 本书的编写结构说明

本书除了绪论所描述的内容外，共涉及六大知识领域，分别对应机械运动、热运动、电磁现象、光现象、微观现象和时空结构，如《物理与人类生活》结构体系导图所示。每章首先以逻辑思维导图的方式概述了对应领域的物理学规律的逻辑以及发展历程，重点以

86个AR演示、25个动画演示和147个实物演示作为教学手段形象地呈现了相关的物理学规律以及在人类生活中的应用实例。以108位科学巨匠的传记录音展现科学家对物理学各领域的贡献。

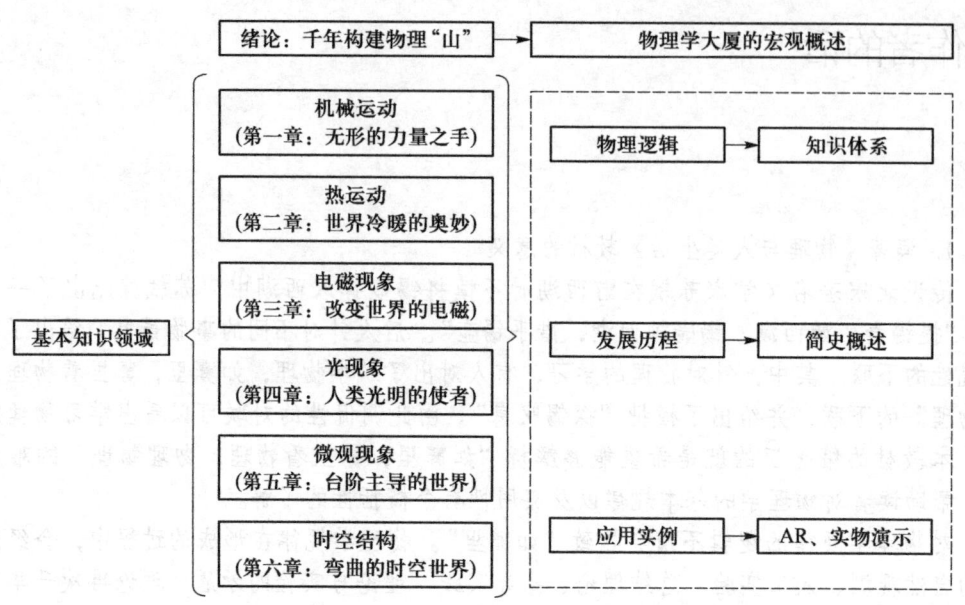

《物理与人类生活》结构体系导图

3. 本书的数字化配套资源

演示集锦：AR与实物演示

为了让使用本书的读者能够进一步理解书中所阐述的内容，作者针对本书的编著体系专门录制了授课录像。通过扫描书中的二维码，可以观看授课录像、AR演示及实物演示等相关视频（参见"演示集锦：AR与实物演示"）。通过email联系作者，除了可获得上述的演示资源外，还可获得配套的授课电子教案（PPT），AR交互性演示资源。

4. 致谢

感谢吉林大学物理学院的宋若龙、刘金霞、王鲲、许大鹏、薛燕峰、何平、徐留芳、崔海宁、闫羽、纪文宇、金立平、隋宁、王荣、韦珏、马英君、郑以松、王海华、王海军等多年以来主讲本科生基础主干课的老师们在本书的逻辑性方面给予的指导和帮助。

感谢吉林大学物理学院的孙敬姝、梁浩、周洪雷、杨辉等老师在实物演示录像方面给予的大力支持。

感谢吉林大学物理学院关心、王文岩、陈莹、陈博艾等同学在AR演示、科学家传记录音等资源建设方面所给予的大力合作。

感谢吉林大学物理学院的李险峰、陆国会、王英惠、康智慧、刘国强等老师，以及作者本人科研小组的王福因、邹璐等同学在本书的编辑过程中给予的大力帮助。

感谢吉林大学物理学院的前院长崔田、前副院长王文全、院长马琰铭、副院长王海军等学院领导，吉林大学教务处处长刘鹤、副处长金祥雷、副处长赵军等领导以及吉林大学教育技术中心的曲大为主任等在资源建设和课程录像等各方面给予的大力支持和帮助。

感谢教育部物理学类专业教学指导委员会的相关委员们对本教材的内容建设方面给予的指导和帮助。

感谢本书的出版单位——高等教育出版社，其中理工事业部高建副主任、物理分社缪可可分社长所带领的团队，在搜集资料、查阅文献和编辑加工等方面给予了大力的支持和帮助。

书中不足之处，还望读者谅解，并提出宝贵的指导意见，使本书得以不断完善。

张汉壮（email：zhanghz@jlu.edu.cn）
吉林大学物理学院
2019 年 4 月

目 录

绪论　千年构建物理"山"……………… 1

§0.1　物理学研究哪些内容？………… 1
§0.2　物理学有哪些基础核心课程？…………………………… 2
§0.3　物理学家们用哪些研究方法获得物理规律？……………… 2
§0.4　学习物理有什么用？…………… 4
§0.5　如何用演示化资源展现物理的实用性？…………………… 5
§0.6　如何学好物理？………………… 5
参考文献………………………………… 6

第一章　无形的力量之手 …………… 7

§1.1　机械运动基本规律的逻辑性概述……………………………… 8
§1.2　机械运动基本规律的发展历程概述…………………………… 9
　1.2.1　仰望星空 ………………………… 9
　1.2.2　俯瞰大地 ……………………… 11
　1.2.3　天地合一 ……………………… 12
　1.2.4　理论指导 ……………………… 13
　1.2.5　完善发展 ……………………… 14
§1.3　力学相关基本规律与人类生活……………………………… 14
　1.3.1　质点基本运动规律 …………… 18
　1.3.2　运动定理与守恒定律 ………… 28
　1.3.3　刚体运动规律 ………………… 33
　1.3.4　流体运动规律 ………………… 37
　1.3.5　振动运动规律 ………………… 41
　1.3.6　波动运动规律 ………………… 44

参考文献……………………………… 47

第二章　世界冷暖的奥妙 …………… 49

§2.1　热运动基本规律的逻辑性概述……………………………… 49
§2.2　热运动基本规律的发展历程概述…………………………… 50
　2.2.1　宏观规律 ……………………… 51
　2.2.2　微观理论 ……………………… 53
§2.3　热学相关基本规律与人类生活……………………………… 55
　2.3.1　宏观规律 ……………………… 56
　2.3.2　微观理论 ……………………… 61
　2.3.3　典型热力学问题 ……………… 64
参考文献……………………………… 67

第三章　改变世界的电磁 …………… 69

§3.1　电磁现象基本规律的逻辑性概述……………………………… 69
§3.2　电磁现象基本规律的发展历程概述…………………………… 70
　3.2.1　静电场 ………………………… 71
　3.2.2　恒定磁场 ……………………… 71
　3.2.3　恒定电场 ……………………… 73
　3.2.4　电磁场统一理论 ……………… 73
§3.3　电磁学相关基本规律与人类生活……………………………… 73
　3.3.1　静电场与恒定磁场的产生及其电磁力 ……………… 75
　3.3.2　电场与磁场的耦合 …………… 82

3.3.3 电路 ………………………… 84
参考文献 …………………………… 86

第四章 人类光明的使者 …………… 87

§4.1 光现象基本规律的逻辑性
概述 ……………………………… 87
§4.2 光现象基本规律的发展历程
概述 ……………………………… 88
4.2.1 几何光学 ………………… 89
4.2.2 波动光学 ………………… 89
4.2.3 光的波粒二象性 ………… 91
§4.3 光学相关基本规律与人类
生活 ……………………………… 91
4.3.1 几何光学 ………………… 93
4.3.2 波动光学 ………………… 97
4.3.3 量子光学 ………………… 101
参考文献 …………………………… 102

第五章 台阶主导的世界 …………… 104

§5.1 微观现象基本规律的逻辑
性概述 …………………………… 104
§5.2 微观现象基本规律的发展
历程概述 ………………………… 105
5.2.1 近代物理学的产生背景 …… 107
5.2.2 微观粒子发现与原子的
核式结构模型 …………… 107
5.2.3 能量子化与半经典量子
理论 ……………………… 107
5.2.4 量子理论 ………………… 108
§5.3 微观现象相关基本规律与
人类生活 ………………………… 109
5.3.1 原子物理 ………………… 110
5.3.2 原子核物理 ……………… 114
5.3.3 分子物理 ………………… 116
参考文献 …………………………… 118

第六章 弯曲的时空世界 …………… 119

§6.1 时空结构领域基本规律的
逻辑性概述 ……………………… 120
§6.2 时空结构领域基本规律的
发展历程概述 …………………… 121
6.2.1 狭义相对论诞生的背景 …… 122
6.2.2 依据经典时空观寻找
"以太" …………………… 122
6.2.3 狭义相对论的两条基本
假设 ……………………… 122
6.2.4 狭义相对论运动学和
动力学 …………………… 123
6.2.5 从狭义相对论到广义
相对论 …………………… 123
§6.3 时空结构领域基本规律及
所预言的现象 …………………… 124
6.3.1 狭义相对论 ……………… 125
6.3.2 广义相对论 ……………… 127
6.3.3 宇宙与天体 ……………… 130
参考文献 …………………………… 136

附录1 机械运动领域科学家
信息一览表 …………… 137

附录2 热运动领域科学家
信息一览表 …………… 140

附录3 电磁现象领域科学家
信息一览表 …………… 143

附录4 光现象领域科学家
信息一览表 …………… 145

附录5 微观现象领域科学家
信息一览表 …………… 147

附录6 时空结构领域科学家
信息一览表 …………… 149

绪论
千年构建物理"山"

§0.1 物理学研究哪些内容?

"物格无极限,理运有常时"这两句话的意思分别是指,自然界存在的物质及其运动形式是多种多样的,这些多样化物质的多种运动形式是有规律的。如何找出这些规律就是物理学的研究内容,也是千余年物理学家们对人类文明所做出的巨大贡献。物理学的准确定义是研究物质的结构、性质、基本运动规律以及相互作用规律的科学。从研究对象的尺度和运动速度角度,物理学可分为经典物理学(宏观物体、远小于光速)和近代物理学(微观粒子、接近光速)。从研究对象的尺度角度,物理学也可划分为天体物理学、凝聚态物理学、原子分子物理学、核物理学和粒子物理学等。教育部高等学校物理学类专业教学指导委员会所编制的《高等学校物理学本科指导性专业规范》中,将物理学最基本知识领域概括成表 0.1 所示的六大类,这也是物理学类专业本科生所需掌握的基本知识内容。而课程体系则是相关知识领域规律总结的载体。如果将表 0.1 所示的物理学基本知识领域按照其规律内容和建立的时间比喻成一座如图 0.1 所示的"山"的话,更能形象地展现物理学的基本研究内容及其发展历程。

授课录像:
物理学研究
哪些内容?

表 0.1 物理学基本知识领域

知识领域	研究的对象和内容	课程体系	
		基本课程	后续课程
机械运动现象与规律	研究大到天体、小到颗粒等宏观物体的空间运动规律	力学	理论力学
热运动现象与规律	研究大量微观粒子的宏观统计规律	热学	热力学与统计物理学
电磁和光现象与规律	研究包括光波在内的电磁场的性质、粒子在电磁场中的运动规律等	电磁学、光学	电动力学、信息光学
物质微观结构与量子现象与规律	研究物质的微观结构以及微观粒子的个体运动规律	原子物理学	量子力学
时空结构	研究时间和空间以及引力场性质,宇宙的形成、结构及演化	力学	电动力学、量子力学
凝聚态物质结构及性质	研究由大量原子所组成的凝聚态物质的结构、相互作用及其宏观物理性质	固体物理学	凝聚态物理

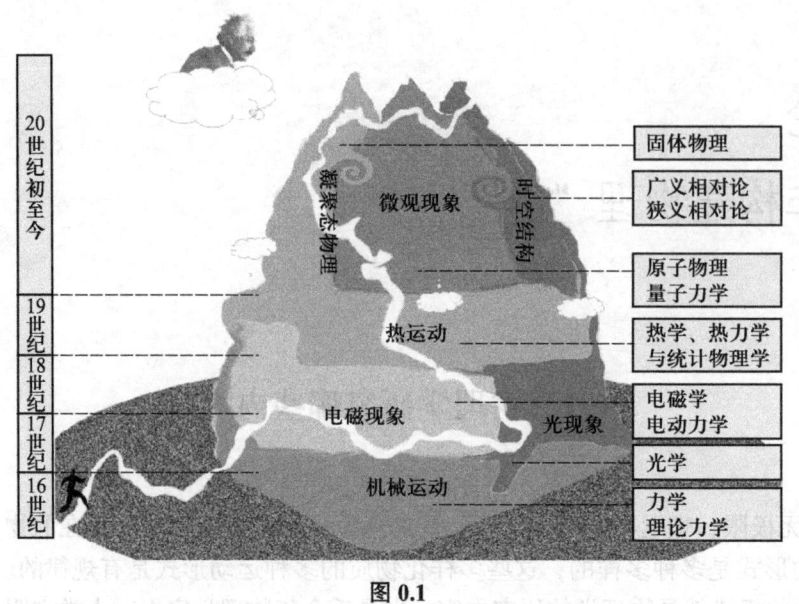

图 0.1

§0.2 物理学有哪些基础核心课程？

授课录像：
物理学有哪些基础核心课程？

  表 0.1 所示的课程体系是对相关领域规律的描述，其中，基本课程中的力学、热学、电磁学、光学、原子物理学等一般统称为普通物理，而对应的后续课程一般统称为理论物理。每个领域的前后课程并非在难易程度上有所不同，而是解决问题的方法不同，并且前后课程有着逻辑关联。针对不同学科的特点，会有专业物理（普通物理和理论物理）和大学物理（普通物理的组合）等之分，其根本的差别是内容选取的不同，并非是物理规律的不同。

§0.3 物理学家们用哪些研究方法获得物理规律？

授课录像：
物理学家们用哪些研究方法获得物理规律？

  物理学是人类历史上最悠久的自然科学之一。最早研究始于古巴比伦人和古希腊人对自然现象的观察。到 15 世纪末以前，物理学还只是分散和不成体系的研究。物理学真正成为科学始于 16、17 世纪，牛顿力学最先建立。到 19 世纪末，热学、统计力学、光学、电磁学等分支学科相继建立，经典物理学大厦建成了。20 世纪初，量子力学与相对论的建立使物理学发展为现代物理学，最终构建了如图 0.1 所示的物理基本知识领域"山"。这座"山"也是以图 0.2 所示的科学巨匠为代表的物理学家们为之不断努力探索和总结升华的结果。本教材末附有相关科学家的信息一览表。

§0.3 物理学家们用哪些研究方法获得物理规律？

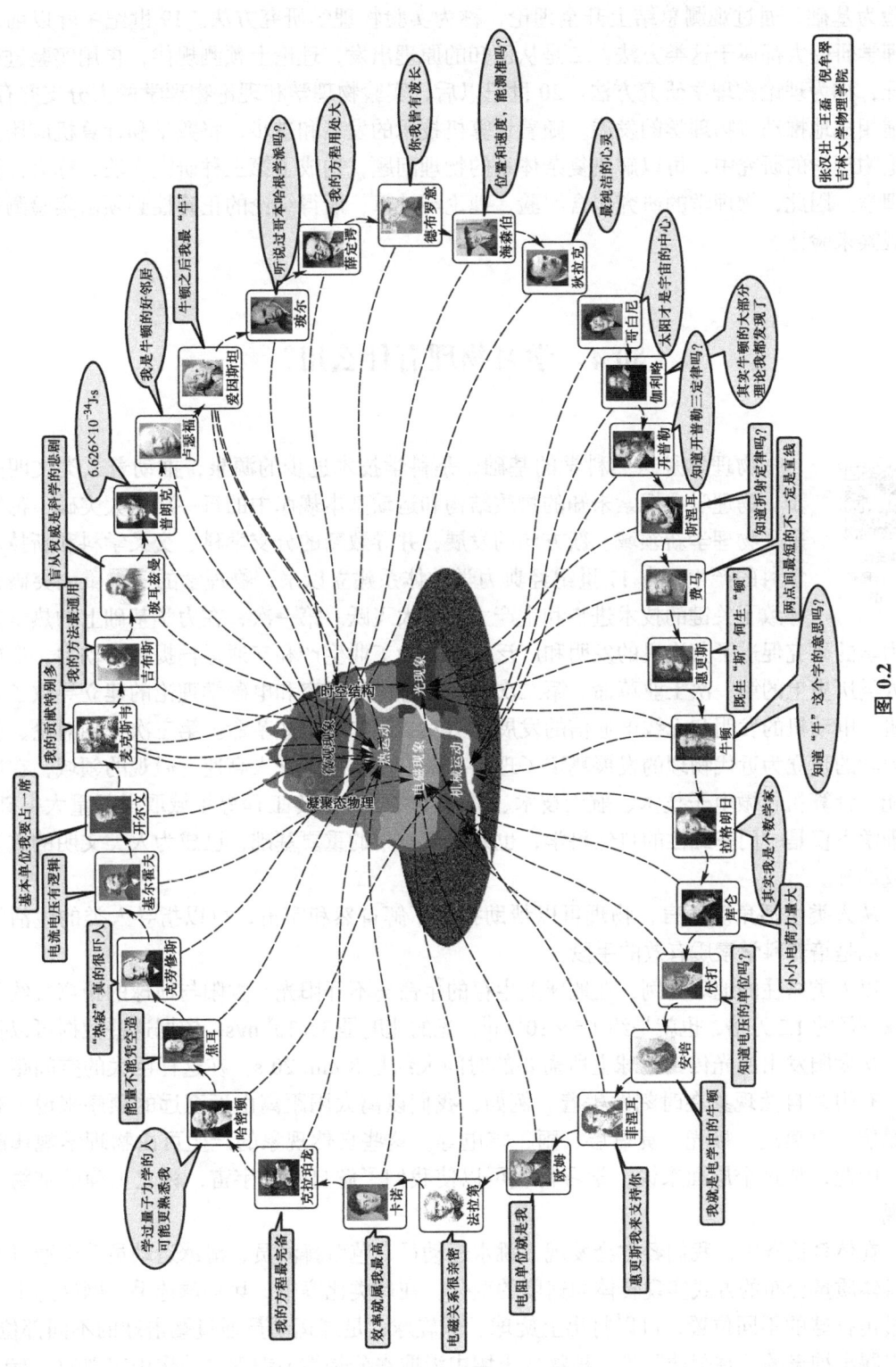

图 0.2

物理学家们用什么样的研究方法构建了物理规律？可以总结概括为三种方法：一是以实验为基础，通过观测总结上升至理论，称为实验物理学研究方法。19世纪中叶以前的物理学研究大都属于这类方法。二是从已知的原理出发，理论上预测规律，再用实验进行验证，称为理论物理学研究方法。20世纪以后，实验物理学和理论物理学两大分支并存，相辅相成地推动着物理学的发展。随着计算机技术的发展和进步，将数学和计算机应用到理论物理学的研究中，可以解决复杂体系的物理问题，构成了第三种研究方法，称为计算物理学。因此，物理学的研究包含实验、理论与计算，所得结论的正确性必须由实验测量与观察来验证。

§0.4 学习物理有什么用？

授课录像：
学习物理有什么用？

物理学是自然科学的基础，是科学技术进步的源泉，推动着人类文明进步。物理学在探索未知的物质结构和运动基本规律中的每一次重大突破，都带来了物理学新领域、新方向的发展，并导致新的分支学科、交叉学科和新技术学科的产生。自17世纪经典力学的体系建立以来，物理学的三次重大突破都导致了关键的技术进步和生产力的巨大飞跃。第一次，在力学基础上的热学和热力学的研究促进了蒸汽机的发明和广泛应用，为工业生产和交通运输提供了动力，形成了人类历史上的第一次工业革命。第二次，电磁感应的研究和电磁学理论的建立导致了发电机、电动机的发明和无线电通信的发展，引发了第二次工业革命。第三次，相对论、量子力学的建立为近代物理的发展奠定了理论基础，使物理学进入高速、微观的领域，在原子能、计算机、微电子技术、航天技术、分子生物学和遗传工程等领域取得了重大突破。物理学不仅是一门基础性的自然科学，也是现代技术的重要基础，已成为人类文明的重要组成部分。

从人类生活角度而言，物理可以帮助我们了解自然和宇宙，可以指导人类的生活活动，也是培养科学素质有效的手段。

以人类居住的地球为例，在地球上生存的生命离不开阳光。太阳与地球的距离大约是地球直径的1.2万倍，也就是约1.5×10^8 km，光的速度是3×10^8 m/s，依据这些数据可以估算，从太阳发出的光传到地球上所需要的时间大约是 8 min 20 s。在这样巨大的空间距离内，有很多自然现象在时刻发生着。例如，我们以离太阳距离由近至远的顺序来说，有日冕层、电离层、极光、臭氧层、雨、雷电等，这些自然现象的产生可由物理学规律解释。因此，从这个层面来说，学习物理可以使我们了解自然和宇宙，树立正确的唯物主义观。

在体育比赛中，我们经常会发现，跳水运动员、芭蕾舞演员、滑冰运动员等会通过改变身体质量分布的方式实现转体角速度的变化。在球类比赛中，乒乓球选手、网球选手等通过击打球的不同位置，可以打出上旋球、下旋球；足球运动员通过踢击球的不同部位，可以踢出神奇的"香蕉球"等。植物从土壤中汲取水分是靠毛细现象的作用实现的，有时我们需要破坏毛细现象的发生。例如，庄稼收割完之后，土壤中的水分还会通过毛细现象蒸发，使土地变干枯。在这种情况下，我们就要防止毛细现象的发生，其办法就是松土，把毛细管破坏掉，由此就起到了土地保墒的作用，即使水分保留到土壤里面。这些体育运动中的技术以及土地保墒反映的都是物理学原理，因此，从这个层面上说，学习物理可以科学地指导人类的生活和生产活动。

大学教育的目的不仅仅是知识的传授，而更重要的是在传授知识的过程中，培养学生的综合素质能力和引领学生的价值观。随着时代的发展，知识内容本身或许将会成为陈旧落后的内容，而所培养的良好能力却会使人受益终生。由于不同学科的特点不同，各学科所培养学生的能力侧重面会有所不同。由于物理学研究内容和研究手段的特殊性，导致学习物理的人会具有更好的逻辑思维能力、创新与探索能力和接受新事物能力等。所以从这个层面来讲，物理又是培养学生的良好科学素质的有效手段。

§0.5　如何用演示化资源展现物理的实用性？

演示化资源的建设和应用对提升理科课程，尤其是物理课程的教学效果具有十分重要的作用。因为物理规律往往是深奥和抽象的，而当代学生的思维活跃，处于丰富的信息技术的包围中，仅靠教师讲授书本内容很难为学生所接受。新时代的教师应该充分利用计算机、多媒体及互联网等新技术，借助信息化手段，丰富课程内容的表现形式，激发学生兴趣，提高教学效率。本课程的演示资源主要包括 AR 演示和实物演示两种类型，其中的 AR 演示 86 个，动画演示 25 个，实物演示 147 个，涵盖了机械运动、热运动、电磁现象、光现象、微观规律、时空结构六大领域。通过演示化的教学方法实现了教师的主导作用与学生主观能动性的有机结合。

授课录像：
如何用演示化资源展现物理的实用性？

§0.6　如何学好物理？

初唐书法家虞世南的"居高声自远，非是藉秋风"，以及唐朝诗人王之涣在《登鹳雀楼》中的"欲穷千里目，更上一层楼"的诗句脍炙人口。从表面看，虽然两首诗分别描述的是声音的传播和景物与观察者所处角度的关系，但其深刻的内涵告诉我们高屋建瓴的重要性。在任何一门学科的学习中，初学者往往是在推导公式、演算做题等方面所下的功夫有余，而对于学科的逻辑性、历史性以及实用性方面重视程度不足。如下几点具体的建议供读者学习物理学时参考：

授课录像：
如何学好物理？

1. 掌握物理规律的逻辑关系，消除"学物理，如雾里"的盲目性。

物理规律在形成的过程中，会经历现象的观测、人工实验、总结理论、指导实践、理论与实践的矛盾、理论再次升华等过程，最终形成了目前的物理知识理论体系。因此，要想学好物理首先需要对物理规律的逻辑有个清楚的认识，亦即，在具体深入学习时，要清楚同一领域的课程之间的逻辑关系，每门课程解决了哪些问题，知识体系之间的逻辑关系如何。

2. 了解物理规律的建立过程，弥补"雾里看物理"的方法缺失性。

物理规律是物理学家们千年来的集体智慧结晶。在发现规律的过程中，物理学家们探索出了多种发现问题、分析问题和解决问题的方法。因此，要想学好物理，需要了解物理学家们发现规律的历史过程，这也是培养人解决问题能力的有效手段。从时代发展的角度，知识内容本身或许成为陈旧落后的内容，但在学习过程中所培养的良好思维能力和解决问题的能力会使人受益终生。

3. 理解物理规律的实用性，消除"勿理物理"的无兴趣性。

物理规律是用数学语言来表达的，它追求的是对自然界的统一而完美的描述，希望用最少的基本原理、最简单的数学公式来表达基本规律，具有简单、和谐、对称的美学特征，公式的背后蕴含着科学的道理。正是如此美妙的理论在不断地指导着人类生产生活活动，推动着人类的科技与文明的不断进步。因此，学好物理更加需要体会物理的实用性，这也是培养人的探索精神的过程。

在上述基础上，认真、独立地做好习题，是学好物理学课程所必须完成的任务。许多习题是实际问题的简化，可以起到理论联系实际的桥梁作用，不能简单地套用公式或对照答案，应以分析和研究的态度，独立地做好每一道习题，既可加深对基本理论的理解，又可提高运用理论解决实际问题的能力。

参 考 文 献

[1] 张汉壮，王文全. 力学. 3 版. 北京：高等教育出版社，2015.

[2] 教育部高等学校物理学与天文学教学指导委员会物理学类专业教学指导分委员会. 高等学校物理学本科指导性专业规范高等学校应用物理学本科指导性专业规范（2010 年版）. 北京：高等教育出版社，2011.

第一章
无形的力量之手

> 人们在日常生活中经常会有这样的体会，人站在一辆静止的车上，面向车前进的方向，当车加速向前的时候，人会后仰，而当车减速的时候，人会前倾。人们常把这类现象称为惯性。对车里的人来说，这种后仰和前倾现象，好像有一种力量作用到人的身体上，而我们又找不到这个力的来源，似乎有一只无形的力量之手在发生作用。这是图 1.1 中所示的机械运动规律所体现的一种现象。

本章概述图 1.1 所示的机械运动规律的逻辑关系、发展历程以及实用性，以 AR 演示与实物演示等方式展现相关的基本规律及其应用实例。

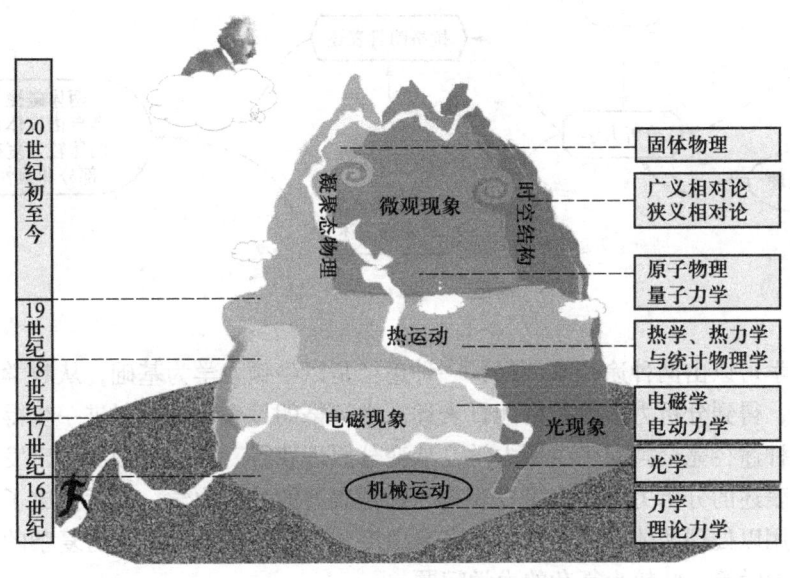

图 1.1

§1.1 机械运动基本规律的逻辑性概述

授课录像：机械运动基本规律的逻辑性概述

机械运动研究的是小到颗粒、大到天体的宏观物体的空间运动规律。所形成的理论包括牛顿力学和分析力学，对应的课程体系分别为力学和理论力学。牛顿力学与分析力学是可以互相导出的等价规律，其知识体系之间的基本逻辑关系如图1.2所示。

牛顿力学是由实验总结的规律，其最基本的规律是牛顿三定律和万有引力定律。以此为基础，利用数学手段可以进一步获得质心、动量、机械能、角动量等运动定理与守恒定律的导出规律。由此构成了牛顿力学的理论体系，用以处理刚体、流体等特殊的质点系，以及振动和波动的典型运动形式等力学问题。

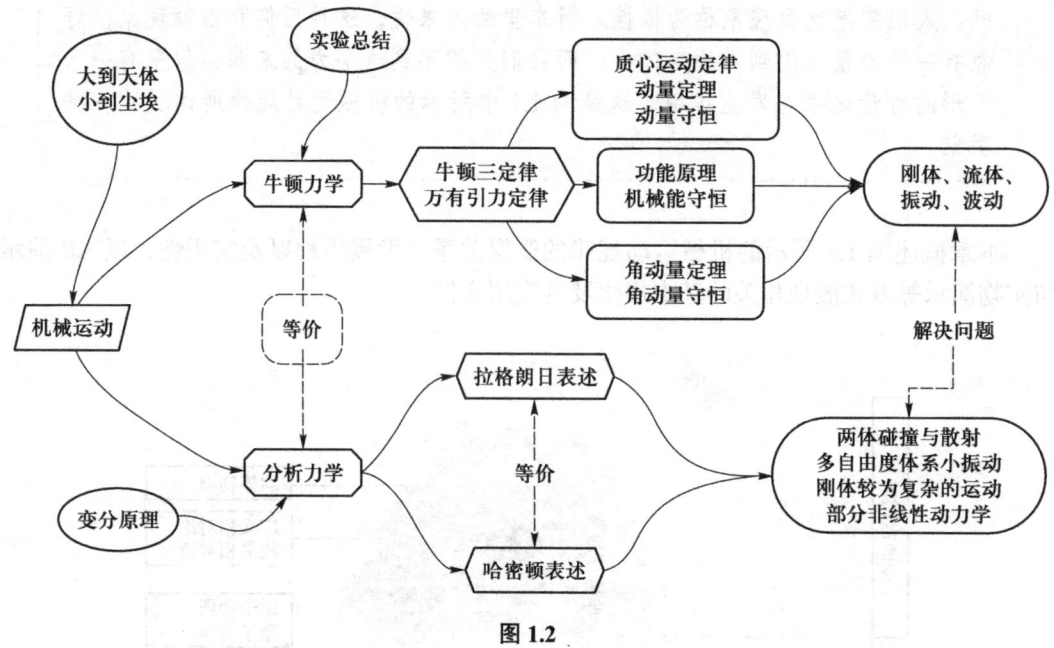

图 1.2

分析力学可以由两种途径来获得，一种途径是以牛顿力学为基础，从数学的角度做进一步的处理，得到分析力学的拉格朗日表述。由拉格朗日表述还可以进一步得到哈密顿表述。另外一种途径完全独立于牛顿力学，从变分原理获得。由哈密顿原理出发，既可以获得拉格朗日表述的分析力学，也可以获得哈密顿表述的分析力学，二者构成了分析力学的理论体系，用以处理两体碰撞与散射、多自由度体系小振动、刚体较为复杂的运动以及部分非线性动力学等一些较为复杂的力学问题。

虽然牛顿力学与分析力学是等价的规律描述，但分析力学的表述形式与物理图像更为清晰的牛顿力学相比，显得相距甚远，更加抽象化。即便如此，由于从变分原理获得的分析力学是解决复杂的机械运动问题尤其是分析受约束系统更为有效的方法，更重要的是，这种方法避开受力分析，用能量来描述体系的动力学特征，为其他非机械运动领域问题的研究提供了基础。因此，分析力学是处理机械运动问题的更为普遍的理论和方法。

较为详细的机械运动规律的逻辑关系参见《物理学导论》(第三版)(张汉壮，倪牟翠，王磊. 物理学导论. 3 版. 北京：高等教育出版社，2019.)。

§1.2 机械运动基本规律的发展历程概述

由牛顿力学和分析力学所构成的机械运动规律理论体系的建立是在 16 至 19 世纪完成的。历史上首先形成的是牛顿力学，其后分别是拉格朗日表述的分析力学和哈密顿表述的分析力学。在机械运动领域做出重要贡献的科学家的出生年代顺序、人物之间的关系及对机械运动规律的贡献如图 1.3 所示。机械运动规律的重要历史发展阶段如表 1.1 所示。在机械运动领域做出重要贡献的科学家信息一览表见附录 1。

授课录像：
机械运动领域科学家导图

表 1.1 机械运动规律的重要历史发展阶段

年代	分段历史	重要科学家
150—1610 年	天体观测规律	托勒密、哥白尼、开普勒、伽利略
1586—1687 年	地面实验规律	伽利略、斯蒂文、惠更斯、居里克、托里拆利、帕斯卡、玻意耳、胡克、莱布尼茨
1610—1687 年	天地合一的理论规律	伽利略、牛顿
1687 年以后	理论规律的能动作用	哈雷、烈维耶、伽烈
1687—1834 年	理论规律的进一步完善和发展	伯努利、马格纳斯、富兰克林、卡文迪许、傅科、拉格朗日、哈密顿

针对机械运动规律的发展历程概述如下：

1.2.1 仰望星空

从地球上观测浩瀚的天空，人们感觉大部分星体都围绕着地球在做圆周运动。早在古希腊时期亚里士多德就提出了宇宙结构的地心说理论。公元 150 年左右，希腊天文学家托勒密总结了古希腊天文学家希帕克（Hipparchus，又译喜帕恰斯、伊巴谷）等人的大量观测与研究成果，写成以地心说理论为主体的巨著《天文学大成》。该书成为古希腊天文学的百科全书，统治天文学长达 13 个世纪。在此期间，人们陆续发现，地心说理论对有些现象不能给予很好的解释，例如，金星、火星等的折返等现象。为了在地心说理论基础上解释这些现象，人们就在星体的运行轨道上再加上额外的本轮轨道，使得地心说理论体系越来越复杂。

授课录像：
仰望星空

公元 16 世纪，波兰天文学家哥白尼打算以托勒密的地心说理论为基础来修订天文学，但发现托勒密的理论体系过于烦琐，而且对很多自然现象不能给予很好的解释。他搜寻并

第一章 无形的力量之手

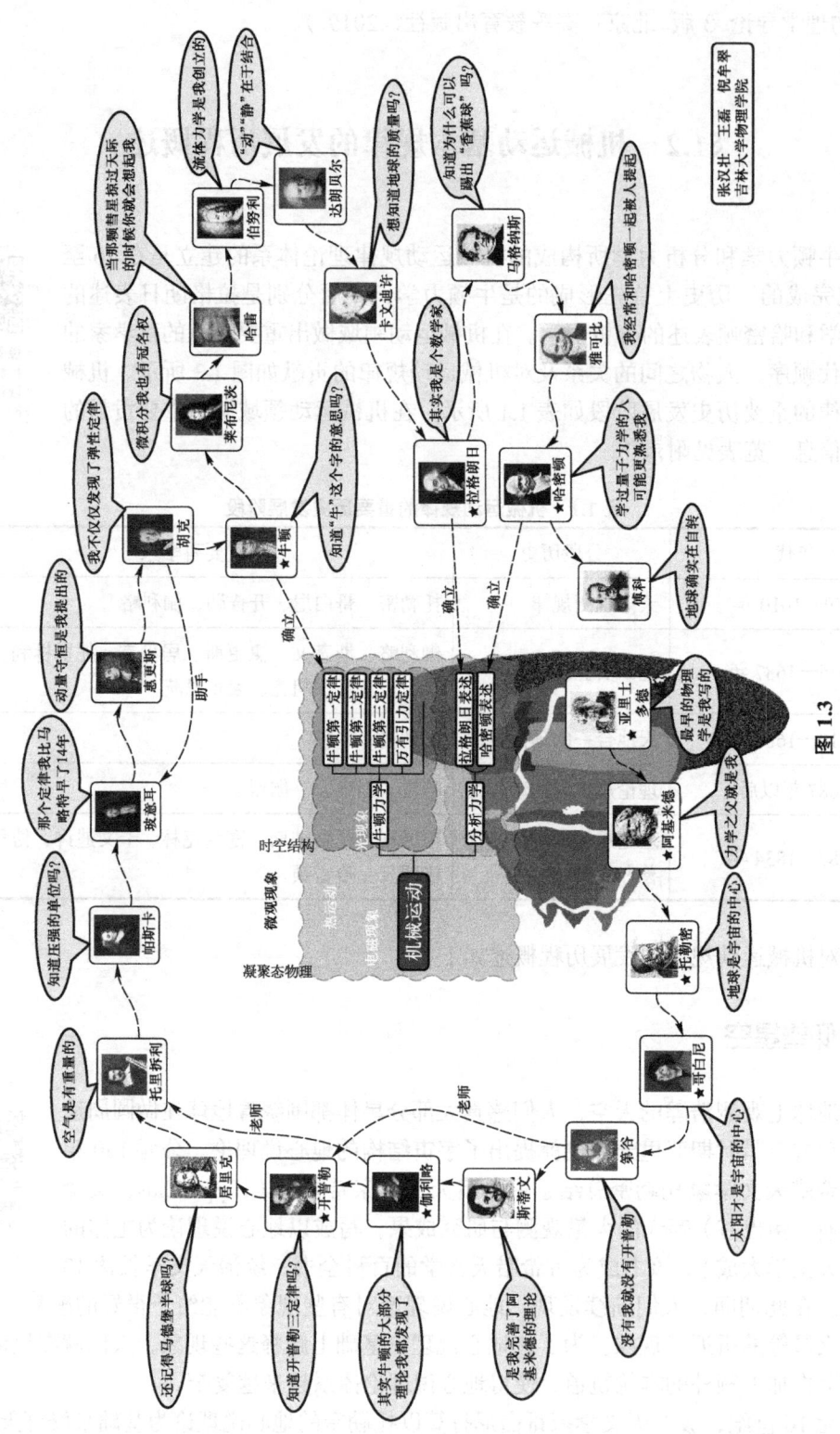

图 1.3

阅读了大量古希腊哲学原著，分析其中关于地球运动的描写，结合自己的观测和计算，提出设想：如果星体围绕太阳运动（即日心地动说，简称日心说）的话，很多问题的解释就变得简单了。依据这个想法，他于1514年完成了《天体运行论》的撰写，于1543年临终前公开发表。哥白尼日心说的提出，给当时的社会带来了恐慌，给科学界带来了争论。因为，地心说理论意味着地球是岿然不动的，令人们感觉赖以生存的地球踏实可靠；而日心说意味着地球是在宇宙中飘荡的，无法被人们理解和接受。尤其是日心说受到了当时掌管社会行政、文化大权的天主教会的反对。宣扬日心说者会被判以极刑。例如，意大利天文学家布鲁诺就于1600年被烧死在罗马的鲜花广场。

但是，科学规律是不会以人的意志为改变的。德国天文学家开普勒受到哥白尼日心说的影响，并进一步阅读研究天文学著作。1600年，开普勒受到布拉格天文台的第谷的资助和邀请，成为第谷的助手。第谷一生积累了大量的天文观测资料，并在逝世前把所有的资料赠送给了开普勒。开普勒紧紧抓住行星轨道问题，以火星为例分析第谷留下的资料，他尝试计算了十九种可能的路径，发现只有椭圆轨道才与观测资料相符。开普勒前后用了八年时间于1609年得到了开普勒第一、第二定律，又用了九年时间于1618年得到了开普勒第三定律。这是开普勒对科学做出的最重要的贡献。开普勒三定律的建立，也打破了自古以来人们所信奉的星体做完美圆周轨道运动的信念。

哥白尼的日心说理论体系经过布鲁诺、开普勒等人的工作已经有了很大的发展，但这一学说要得到广泛的认可还需要更明确的观测事实。而真正的决定性证据来源于伽利略的望远镜天文观测。1609年，伽利略听说荷兰有人制作并展出了能把远处景物放大近3倍的望远镜，他立即利用自己的光学知识制造出了类似的装置。他在很短的时间内不断改进技艺，最后将其放大倍数提高到33倍，用来观测天体，获得很多人们前所未知的星体现象，包括：月球表面是凹凸不平的而并非像亚里士多德认为的那样光滑完美，木星有四个卫星（现称伽利略卫星），土星有两个卫星（实际上是土星光环），太阳黑子、太阳的自转，银河由无数恒星组成等。1610年伽利略在《星空信使》一书中报告了他的观测发现，引起了轰动。尤其是，1610年伽利略对金星进行了长达三个月的观测，发现金星的位相变化现象，即有类似月相的现象。这一发现是支持日心说的一个决定性证据。因为按照地心说理论，不会有金星的位相变化现象出现，而日心说可以预言金星位相变化现象的出现。

至此，天体观测的规律得以形成。从公元150年左右托勒密提出地心说到1610年伽利略证明日心说的观测证据，时间长达1400余年。天体观测规律给人们带来的下一个问题是，什么样的力会使星体做椭圆轨道运动？亦即后人所称的开普勒问题。直到1687年牛顿提出万有引力定律，这个问题才得以圆满解决。

1.2.2 俯瞰大地

为了回答上述的开普勒问题，我们需要首先从地面的实验规律谈起。

关于地面上物体运动的描述最早始于古希腊的亚里士多德，他的主要著作之一《物理学》被称为古代世界学术的百科全书，对其后近千年的历史都有很大的影响。"物体越重，下落越快"以及"只有力才能使物体运动"是亚里士多德著作中关于物体运动规律的描述。古希腊另一位颇富传奇色彩的科学家阿

授课录像：
俯瞰大地

基米德在物理现象的研究中也做出了很多贡献,例如,中学生就都熟知的浮力定律、杠杆及滑轮的作用原理,都是阿基米德提出的。

伽利略除了前述的利用自制的望远镜观测天体的工作外,也研究了亚里士多德的理论。针对亚里士多德提出的"物体越重,下落越快"的规律,伽利略从逻辑推理角度提出疑问,如果将一个重物和一个轻物绑在一起,下落的时间会如何?从物体重量的角度看,按照亚里士多德的理论,将重物和轻物绑在一起后的下落时间应该比单独的重物或轻物下落时间短;但从时间的角度看,这个时间应该是重物和轻物各自下落时间的平均值,二者是矛盾的。因此,伽利略认为亚里士多德的理论存在问题。从实验的角度看,1586年荷兰天文学家斯蒂文在他出版的《静力学原理》一书中描述:"将两个轻重相差10倍的铅球从30英尺的高度同时释放,结果发现铅球落地发出的声音像一个声音一样,说明两球同时落地",这也说明亚里士多德理论存在着问题。而广为流传的伽利略在意大利比萨斜塔上做落体实验只是一种传说而已。他是通过人工设计的斜面进行物体运动实验,推知获得自由落体定律和惯性定律的。伽利略是首个通过人工设计的实验寻求物理规律之人,也是首个利用实验和数学相结合的方法寻求物理规律之人。爱因斯坦评价伽利略为现代物理学之父。

在伽利略、牛顿的同时代,还有荷兰的斯蒂文、惠更斯,德国的居里克,意大利的托里拆利,法国的帕斯卡,英国的玻意耳、胡克等物理学家以及德国的莱布尼茨等数学家,他们在天文学、物理学和数学等方面进行了重要的研究工作,为牛顿的集大成的工作奠定了基础。

1.2.3 天地合一

授课录像:
天地合一

前述为天体和地面的观测规律总结。我们重新回到天体观测规律留给人们的"什么样的力使星体做椭圆轨道运动"问题上来。

开普勒本人曾试图引入太阳磁力来探求星体运行规律的原因,但没有成功。到1673年胡克、哈雷、雷恩等人结合各自的研究工作,认定星体所受太阳的向心力与其到太阳距离的平方成反比,但是他们无法说明这种力的本质,也不能证明在与距离的平方成反比的力的作用下的星体轨道是椭圆或更广泛的圆锥曲线。而真正圆满解决这一问题的是英国物理学家牛顿。

1661年,牛顿进入英国剑桥大学学习数学,后来从事物理学研究。1665—1666年,因为流行瘟疫,剑桥大学被迫关门,牛顿回到了家乡,在那里他完成了微积分、光的色散性质、万有引力定律等研究发现。其中微积分是他在研究物体运动学时所创立的,后人将牛顿和德国数学家莱布尼茨并列为微积分的创始人。光的色散性质是牛顿通过自然光照射三棱镜后发生的折射现象而总结出的。万有引力定律真正回答了"什么样的力使星体做椭圆轨道运动"的问题。

"苹果落地"的故事广为流传,这是牛顿思考引力过程的一个传说故事。引发牛顿思考的问题是:苹果落地和月球围绕地球运动是否由具有相同性质的作用力引起?在此之前,伽利略已经发现抛体运动相当于一个匀速的水平运动和一个落体加速运动的叠加。牛顿设想,从高山上水平抛出一个物体,当抛出的水平速度不断增大时,抛体的落地点会越来越远,若速度大到一定程度,在忽略大气阻力的情况下,该抛体就会做圆周运动而永远不会落到地面。他进一步设想，既然抛体可以做这样的运动，为什么不能把月球也当成这样一个抛体来考虑呢？由此牛顿认为苹果与地球之间、月球和地球之间的力是同一性质的力。他把月球的轨道运动分解为两种简单的直线运动：一种是由于惯性引起的、沿月球轨道切线方向的匀速直线运动；另一种是把月球拉向地球的落体运动，是由地球的引力引起的。以此思想为基础，牛顿基于惯性定律和牛顿第二定律，利用几何的方法获得了物体圆周运动与受力的关系。

反过来，利用月球和地球、苹果和地球都具有相同的与距离的平方成反比的受力关系来计算地球重力加速度与月球重力加速度的关系，以及月球围绕地球的运行周期，结果相当完善。这证明了牛顿的猜想，即苹果落地和月球围绕地球运动是由具有相同性质的作用力引起的，其轨道的差别仅在于初始条件不同而已。

牛顿进一步设想，既然月球绕地球公转可以这样来解释，那么地球和其他行星绕太阳的公转为什么不能类似地来说明呢？所以牛顿又把思路推广到行星绕太阳的运动上，利用与距离的平方成反比的受力关系圆满地解释了行星轨道问题。

牛顿进一步将与距离的平方成反比的受力关系推广至任何星体，以及任何物体之间，建立了万有引力定律。直到约20年后，他才在出版的《自然哲学的数学原理》中公开发布了这些研究成果，原因是早年他无法精确地确定巨大星体之间的距离。这期间他发明了"流数术"，即现代的微积分方法，并且从数学上证明了球体对外部物体的作用与球体的质量全部集中在球心点时相同，即现代的"质点"概念。只有在此基础上，牛顿才能够得出万有引力定律的数学验证。

牛顿运动定律、万有引力定律等牛顿在力学领域的重要研究成果集中体现在1687年出版的《自然哲学的数学原理》一书中。在该书中，牛顿运动定律只是用了较少篇幅的语言描述，而大部分内容是关于引力与轨道关系的几何推导过程和应用的描述，可见牛顿在探索万有引力定律方面所花费的精力。

万有引力定律和牛顿运动定律的建立，使天上、地下物体的运动规律有了统一的描述，奠定了物理学的力学基础，使力学有了精练完美的表达，成为系统完整的科学。正如恩格斯所说："牛顿完成了人类科学史上的第一次总结。"

从1610年伽利略发现证明日心说的观测证据到1687年牛顿的《自然哲学的数学原理》问世，历时近80年。

1.2.4 理论指导

牛顿运动定律和万有引力定律使人们理解了自然界为什么能如此井然有序地运转，它可以使人们追踪过去，预测未来，充分体现了科学的能动作用。

万有引力定律是由轨道问题出发而得到的。万有引力定律建立之后，人们可以反过来，由万有引力定律和牛顿运动定律研究更为广泛的轨道问题。其研究的结果是，星体不仅具有类似围绕太阳运动的一般椭圆轨道，还可以有长椭圆、双曲线、抛物线等各种轨道（由星体形成过程中的初始能量所决定），相应的计算结果被哈雷彗星的发现所证实。人们在1531年、1607年和1682年分别观测到三颗未知的星体。英国天文学家哈雷用牛顿的理论论证，这三颗星体属同一颗星体，以约75.5年为一个

授课录像：
理论指导

周期，并预言此星体将于1758年再现。临近1758年，人们纷纷打赌预言是否灵验，成为世界性趣闻。1758年该星没来，而是于1759年3月12日意外地出现了。后来人们发现，出现偏差的原因是没有考虑木星和土星对其的吸引，从而造成了218天的迟到误差。此后，这颗星体就被命名为哈雷彗星（其远日点已超过海王星轨道）。依次类推，哈雷彗星再次光临地球的时间是1986年、2061年等。1986年哈雷彗星也已被观测到。

1781年，人们发现了天王星，不久发现它的轨道有偏差。法国的烈维耶根据轨道偏差利用牛顿力学进行了计算，预测天王星外应该有另外一颗星体。1846年9月，他写信给柏林天文台的伽烈，告之预测的星体的位置，伽烈果然在预测位置的偏差52′处发现了该星体，并命名为海王星。后来用同样的办法，人们发现了冥王星。

1.2.5 完善发展

授课录像：完善发展

经过16、17世纪世界科学大飞跃，物理学家开始用伽利略、牛顿的研究成果和科学方法，用力学的观点去认识流体、热、电磁、光等物理现象，相关的科学实验开始兴起。例如，1738年瑞士物理学家伯努利出版了《流体动力学》，提出了著名的伯努利方程等流体动力学的基础理论；之后德国科学家马格纳斯在伯努利方程基础上研究并解释了由他发现的马格纳斯效应；1752年美国科学家富兰克林通过对雷电的实验研究验证了"天电""地电"的统一；英国的物理学家卡文迪许，在万有引力定律建立的111年后（即1798年）设计扭秤实验，测量了引力常量G，利用所测得的G可以计算地球的重量，所以卡文迪许被称为第一个称量地球重量的人；1851年法国物理学家傅科设计著名的"傅科摆"，首次验证了地球的自转。到19世纪中期，相继出现了刚体力学、流体力学、天体力学、声学等物理学衍生学科。

1788年意大利科学家拉格朗日发表著作《分析力学》，建立了拉格朗日表述的分析力学。1827年，英国科学家哈密顿提出哈密顿函数，他在1834年发表了《动力学的一种普遍方法》的论文，这成为建立哈密顿表述分析力学的里程碑。

从1687年牛顿的《自然哲学的数学原理》问世到1834年哈密顿的《动力学的一种普遍方法》的论文发表，历时近150年。

力学虽然是一门古老的学科，但它依然在不断地发展。力学与后来逐步发展起来的分析力学在当今的精密仪器、工程设计、航空与航天等领域发挥着重要的作用。

§1.3　力学相关基本规律与人类生活

授课录像：力学基本知识体系逻辑概述

本节以表1.2所示的规律与应用实例为问题导向，以AR演示与实物演示等方法介绍相关力学基本规律及其典型的应用性案例。

§1.3 力学相关基本规律与人类生活

表 1.2 力学相关基本规律及其应用实例

规律分类		应用实例	演示资源
1.3.1 质点基本运动规律	1.3.1.1 万有引力定律	1. 苹果为何会落地，而月亮为何会围绕地球运动？ 2. 太阳系的成员是如何和谐共处的？ 3. 什么是彗星？ 4. 三种宇宙速度指的是什么？ 5. 人造地球卫星是如何实现的？ 6. 如何发射星际探测器？	卡文迪许实验（AR） 苹果落地与万有引力定律（AR） 太阳系（AR） 星际探测器（AR）
	1.3.1.2 牛顿第一定律	1. 星际探测器的运动轨迹如何？ 2. 冰壶运动中为什么要刷冰？	气垫导轨（实物）
	1.3.1.3 牛顿第二定律	1. 太空中如何称量体重？ 2. 人体能够承受多大的加速度？ 3. 为什么拱形的桥梁更结实？ 4. 高空下落的雨滴速度会越来越大吗？	牛顿第二定律的内在随机性（AR） 抛体（实物） 厄特沃什实验（AR）
	1.3.1.4 牛顿第三定律	1. 小鸟为什么可以自由地飞行？ 2. 流星和陨石是如何形成的？ 3. 如何获得更快的游泳速度？ 4. 两本书的书页交替穿插在一起为何很难拽开？ 5. 轴承中的钢珠有什么作用？ 6. 神奇的形状记忆合金有何特征？	力的合成与分解（实物） 摩擦力自锁效应（实物） 形状记忆合金（实物）
	1.3.1.5 非惯性系动力学方程	1. 惯性的本质是什么？ 2. 何时会发生超重和失重？ 3. 潮汐现象是如何发生的？ 4. 物体在地球各处的重量相同吗？ 5. 如何验证地球的自转？ 6. 落体为何会偏东？ 7. 北半球的冬天为何容易刮东北风？ 8. 台风是如何形成的？ 9. 国际航班往返时间为何会不同？	自由落体非惯性系（AR） 等效原理（AR） 车的惯性（动画） 超重与失重（AR） 潮汐现象（AR） 离心惯性力（实物） 非惯性系下物体的运动（实物） 表观重力（AR） 科里奥利力（实物） 傅科摆（AR） 落体偏东（AR） 东北信风（AR） 台风的形成（AR） 大气环流构成（AR）

续表

规律分类		应用实例	演示资源
1.3.2 运动定理与守恒定律	1.3.2.1 质心运动定理	1. 如何赢得拔河比赛？ 2. 堆叠的书本可以偏离支撑面边缘吗？ 3. 走钢丝表演者手中的长杆有什么用？	质心参考系（AR） 质心运动（实物） 锥体上滚（实物）
	1.3.2.2 动量定理与动量守恒定律	1. 机场驱为何要驱赶小鸟？ 2. 火箭是如何升空的？ 3. 为什么儿童乘车应使用儿童安全座椅？ 4. 为什么驾驶机动车时禁止超速？	动量守恒（实物）
	1.3.2.3 功能原理与机械能守恒定律	1. 为什么机动车在行驶时应保持足够车距？ 2. 如何跳得更高、更远？ 3. 如何有效地进行滑冰接力？ 4. 为什么会发生超级球效应？	机械能守恒（实物） 一维碰撞（AR） 二维碰撞（AR） 徒手碎酒瓶（实物） 联球碰撞（实物） 超级球效应（实物）
	1.3.2.4 角动量定理与角动量守恒定律	1. 门把手为何要安在远离转轴的位置？ 2. 如何保证船的稳定性？	不倒翁（AR）
1.3.3 刚体运动规律	1.3.3.1 定轴转动	1. 在旋转木马的不同位置为何感觉快慢不同？ 2. 如何将直线运动转化为定轴转动？ 3. 运动员如何控制转体角速度？ 4. 直升机尾部的螺旋桨起什么作用？	角速度的矢量性（实物） 转动惯量演示仪（实物） 转椅角动量守恒（实物） 摩擦转盘角动量守恒（实物）
	1.3.3.2 质心运动与相对质心转动	1. 跳台跳水运动员如何实现空中转体与落水的控制？ 2. 为什么会有季节变化以及极昼、极夜现象？ 3. 机器人是如何帮你开门的？	平动陀螺仪（实物） 滚摆（实物） 转动惯量与质量比值的比较（实物） 纯滚动条件比较（实物） 季节变化与极昼极夜（AR）
	1.3.3.3 定点进动和章动	1. 导航仪是如何实现导航的？ 2. 岁差是如何产生的？ 3. 如何让飞行的子弹在空中不翻转？ 4. 自行车为何快骑容易慢骑难？	陀螺仪（实物） 车轮的进动和章动（实物） 翻身陀螺（实物） 陀螺的进动与章动（AR） 翻身陀螺（AR） 岁差（AR） 旋转的子弹（AR） 导航仪（实物）

续表

规律分类		应用实例	演示资源
1.3.4 流体运动规律	1.3.4.1 流体静力学	1. 什么是大气压？ 2. 潜水艇是如何升降的？ 3. 真空压缩袋是如何压缩衣物的？	大气压力（实物） 浮沉子（实物）
	1.3.4.2 流体动力学	1. 容器中的水从底部小孔流出时为什么会形成涡旋？ 2. 吸尘器为什么能吸入物体？ 3. 列车站台为何要设置黄色警戒线？ 4. 民航客机为何需要跑道？ 5. 各种神奇的旋转球是如何实现的？ 6. 人可以在液体上行走吗？	流线（AR） 流管（AR） 连续性方程（动画） 胶皮管流速（实物） 吹纸片（实物） 气悬球（实物） 悬浮的纸环（实物） 流体涡旋（实物） 飞机的升力（实物） 马格纳斯效应（AR） 电梯球与落叶球（AR） 液体内摩擦（实物）
1.3.5 振动运动规律	1.3.5.1 简谐振动	1. 如何调整机械摆钟的走时快慢？ 2. 如何测量未知信号的频率？	弹簧振子（动画） 简谐振动的几何表示（动画） 弹簧振子（实物） 简谐振动的几何表示（实物） 同方向同频率简谐振动的合成（动画） 拍现象（动画） 垂直方向同频率简谐振动合成（动画） 李萨如图（动画） 李萨如图摆（实物） 信号频率的测量（实物）
	1.3.5.2 阻尼振动	1. 摩天大楼如何减少在强风时的摇晃？ 2. 如何使测量仪表快速回零？	阻尼摆和非阻尼摆（实物） 阻尼振动（动画）
	1.3.5.3 受迫振动	1. 铜磬为何不敲自鸣？ 2. 纸人为何会在琴弦上跳跃？ 3. 人为何会晕车、晕船？ 4. 桥梁为何会被大风吹垮？	共振现象（AR） 弹簧振子共振（实物） 鱼洗（实物） 多谐共振仪（实物）

续表

规律分类		应用实例	演示资源
1.3.6 波动运动规律	1.3.6.1 波的传播	1. 什么是超声速飞机？ 2. 听诊器为何更能听清人的心跳？	横波（实物） 软弹簧纵波（实物） 声波波形（实物） 变音编钟（实物） 相速度与群速度（AR） 超波速运动（AR）
	1.3.6.2 波的反射与合成	1. 黑夜中的蝙蝠为何不会迷失方向？ 2. 如何实现悦耳动听的音乐？ 3. 什么是B超？	一维驻波（动画） 二维驻波（AR） 圆环驻波（实物） 悬线驻波（实物） 简正频率（动画） 水波的干涉与衍射
	1.3.6.3 多普勒效应	1. 火车的声音为何是呼啸而来、低沉而去？ 2. 什么是彩超？ 3. 驾驶员高速行驶时会把红灯看成绿灯吗？	多普勒效应（AR）

1.3.1 质点基本运动规律

力学研究的是大到天体、小到颗粒等宏观物体的机械运动规律，亦即物体空间位置的变化规律。宏观物体即是研究对象。在自然界中，任何实际的宏观物体都有一定的大小和形状。当研究宏观物体的机械运动规律时，如果将其大小、形状及其他因素都考虑在内，它的运动情况可能很复杂，导致研究无从下手。但是，在有些情况下，根据研究的主要问题，可以把物体理想化成无体积、无形状，而只具有质量的点，即当成质点来处理。因此，力学中最简单的研究对象就是质点，质点的基本运动规律是经过大量实验观察总结出来的。它也是力学规律的基础，包括万有引力定律、牛顿三定律、非惯性系质点动力学方程等内容。以下概述其规律表述及应用实例。

授课录像：
万有引力定律

1.3.1.1 万有引力定律

任何两个物体之间都存在着相互作用力，作用力的大小与两个物体质心之间（物体密度均匀）的距离平方成反比，受力方向沿互相吸引的方向，此为万有引力定律。

AR 演示：
卡文迪许实验

万有引力定律公式中有个常量，称为引力常量。要想定量获得两个物体之间的万有引力，必须要确定这个常量。1798 年，英国的物理学家卡文迪许，设计扭秤实验，测量了引力常量。利用所测得引力常量可以计算地球的重量，所以卡文迪许被称为是第一个称量地球重量的人。测量引力常量的原理参见"AR 演示：卡文迪许实验"。相关的应用实例列举如下：

1. 苹果为何会落地，而月亮为何会围绕地球运动？

有一个流传很广的传说，牛顿坐在苹果树下时，一颗苹果刚好落下来砸到牛顿头上，牛顿忽然质疑这颗苹果为什么不像月亮一样悬在天上，于是发现了万有引力定律。这个故事还常常被用来说明好奇心对于科学发现的重大意义。然而，这个传说其实并不可靠，或者说过于简单了。因为在牛顿的年代，大多数人已经知道了地球引力的存在，苹果由于地球引力而落下，这是无须质疑的。牛顿的伟大之处，在于通过严谨的计算和推理证明了地球对苹果的引力与对月亮的引力遵从相同的数学规律，即引力与距离的平方成反比，从而说明了天空和地面遵从相同的物理定律，这就是万有引力定律。牛顿进行推理的思路大致是这样的：静止在树上的苹果会直接落到地上，而用力向前抛出的物体由于具有一定的水平速度，向前运动一段距离之后才会落在远处的地上。想象抛出物体的力不断增大，则物体在落地前就会向前运动得越来越远。考虑到地球是圆的，则可以推断当物体的水平速度足够大时，将会绕地球做圆周运动，而不再落到地面上了，这也是月亮绕地球运转而不落到地球上的原因。牛顿还进一步推理认为，地球和其他行星在太阳的万有引力作用下保持在轨道上运行而没有掉落到太阳上，也是基于同样的理由。牛顿对月球轨道和行星轨道进行了大量细致的计算，将计算结果和当时的天文观测数据一一对比，经过二十余年的工作才发表了万有引力定律。由此看来，对人类科技进步做出伟大的贡献可不是仅靠好奇心的灵光一现就能实现的。参见"AR 演示：苹果落地与万有引力定律"。

AR 演示：苹果落地与万有引力定律

2. 太阳系的成员是如何和谐共处的？

太阳系是指太阳和所有受到太阳引力约束的天体的集合。这些天体主要包括八大行星，五颗矮行星，行星的卫星、彗星及其他太阳系小天体。其中我们比较熟悉的八大行星，按照离太阳从近到远的顺序依次为：水星、金星、地球、火星、木星、土星、天王星、海王星。冥王星早期曾被认为是太阳系的第九颗行星，不过 2006 年国际天文学联合会将其重新定义为矮行星。太阳系其他已知的矮行星还有阋神星、谷神星、鸟神星和妊神星。因为太阳的质量相比太阳系中的其他天体大得多，所以太阳系中的其他天体主要受到太阳的万有引力作用，按照牛顿第二定律进行运动。由于初始运动状态的不同，星体会沿着不同的曲线轨道运动。例如，行星的轨道都是以太阳为焦点的椭圆。其中距太阳较近的行星的轨道接近圆形，许多小行星和太阳系边缘的小天体的轨道则是形状更扁平的椭圆。有些彗星的轨道甚至会呈抛物线型或双曲线型。关于太阳系的组成及规律参见"AR 演示：太阳系"。

AR 演示：太阳系

3. 什么是彗星？

彗星是不定期出现在天空的一类形状奇特的星体。彗星看起来有一个又大又亮的头部，最引人注目的是它们都拖着一条长长的蓬松的像扫帚一样的尾巴，因此也被称为"扫帚星"。在古代人们缺乏科学知识，往往把不可预料的彗星的出现看作某种灾祸的征兆。千百年来中外天文学家观测记录了大量彗星出现的数据，直到万有引力定律的提出，彗星的运动才有了合理的解释。按照万有引力定律，太阳系内的物质都会受到太阳的引力作用，在引力作用下沿椭圆、双曲线或抛物线轨道运动。彗星正是由于受到太阳的引力而进入太阳系内的天体。大部分彗星的运行轨道是抛物线或双曲线，它们是太阳系的匆匆过客，仅出现一次就离开太阳系了。还有少部分彗星的轨道是扁长的椭圆，这种彗星叫周期彗星，每隔一定时期，它们运行到离太阳和地球比较近的轨道部分，我们就有机会看到它。著名的哈雷彗星就是这种周期彗星。彗星主要由冰、固态二氧化碳和其他尘埃组成，密度很低。当接近太阳时，由于组成物质受热蒸发和太阳光压的作用，它的体积增大，同时气体成分被推向背离太阳的方向，就形成了我们看到的拖着长长尾巴的彗星样子。

4. 三种宇宙速度指的是什么？

地面上利用火箭或其他装置发射物体，使它获得一定的初速度，则物体之后的运动规律遵从万有引力定律和牛顿第二定律。初始速度的不同会使物体有不同的运动轨道。当初始速度较小时，由于地球引力的作用，物体在运动一段时间后会落向地面；随着初始速度增大，物体在空间运动的距离也逐渐增大，并有可能像月亮一样能够在某一高度环绕地球运动而不再落向地面。使物体能够环绕地球运动而不落到地面上的最低速度称为第一宇宙速度，理论计算可知，第一宇宙速度为 $7.9\ \text{km}\cdot\text{s}^{-1}$；如果继续增大发射物体的初始速度，会使物体脱离地球的引力而像行星一样在太阳系内运动，这一初始速度称第二宇宙速度，其值为 $11.2\ \text{km}\cdot\text{s}^{-1}$；进一步增大初始速度，最终会使物体脱离太阳的引力，向太阳系外而去，使物体脱离太阳引力的最低速度称为第三宇宙速度，其值为 $16.7\ \text{km}\cdot\text{s}^{-1}$。

5. 人造地球卫星是如何实现的？

人造地球卫星是指人工制造并发射的，在空间轨道上环绕地球或其他目标天体运行的航天器。人造地球卫星在环绕地球运行时主要受到地球的万有引力作用，其运动规律符合牛顿第二定律。由于初始速度的不同，人造地球卫星会在不同的圆周或椭圆轨道上绕地球运行。因此可以利用大推力的运载火箭将卫星送入预定的轨道，使其具有一定的初速度，环绕地球运行。由于技术的原因，卫星发射往往要分成几个阶段、经过多次变轨后才能达到适合其工作的轨道。卫星的变轨主要采用改变其运动速度的方法，以使其在万有引力作用下沿不同轨道运行。

6. 如何发射星际探测器？

目前人类的技术尚不能发射超过第二宇宙速度的航天器。那么如何实现远离地球的星际旅行呢？实际上，星际航天器除了使用携带的燃料为自己加速或变轨外，大多还借助了太阳系其他天体与航天器之间的万有引力，即"引力助推"效应。科学家们通过巧妙的计算指出，当航天器以特殊的轨道接近某一天体时，由于万有引力的作用，它会先加速接近天体、绕天体运行一段距离后沿另一方向离开天体，此时航天器相对太阳的运行速度已获得了一份增量。如果能够连续地利用多个天体的引力助推，则可以使航天器获得更加可观的加速，甚至接近第三宇宙速度。例如1977年美国发射的"旅行者"1号和2号探测器，就"颇有心机"地利用1982年"九星联珠"的机会，先后借助木星、土星、天王星的引力作"跳板"，从木星跳到土星，又从土星跳到天王星，继而又跳到海王星，成为探测太阳系行星最多、探测成果最丰富的行星际探测器，参见"AR 演示：星际探测器"。

AR 演示：
星际探测器

授课录像：
牛顿第一定律

1.3.1.2　牛顿第一定律

在一个特定的参考系中，物体不受外力作用会保持静止或匀速直线运动状态。这一现象总结为牛顿第一定律，也称惯性定律，这个特殊的参考系称为惯性参考系（简称惯性系）。物体在尽可能满足牛顿第一定律条件下的表现见

"实物演示：气垫导轨"。

牛顿第一定律需要对应一个特定的参考系才成立，这个参考系称为惯性参考系。如何寻找惯性参考系？这是一个只能通过实验来解决的问题。实验发现，如果我们能够判定一个物体不受其他物体的作用（如远离任何星体的宇宙飞船），则以该物体为参考系就会有牛顿第一定律的现象发生，这个参考系就是惯性参考系。同时，相对该惯性参考系静止或匀速直线运动的其他参考系也可被验证是惯性参考系。实际上，地球表面以及相对地球表面静止或匀速直线运动的参考系并非是严格的惯性参考系，因为地球既围绕太阳公转，也有本身的自转，所以并非孤立的系统。但在大多数情况下，地球的公转和自转对所研究对象的影响是很小的。在地球表面小范围内，对于相对地球表面静止或匀速直线运动的参考系而言，牛顿第一定律依然近似成立，因此，在这种情况下，地球表面可近似视为惯性系。太阳围绕银河系中心转动的情况亦如此。牛顿第一定律的应用实例列举如下：

实物演示：
气垫导轨

1. 星际探测器的运动轨迹如何？

"新地平线号"探测器是美国国家航空航天局于 2006 年发射的探测器。2015 年 "新地平线号" 飞掠了冥王星，之后继续向柯伊伯带天体飞行，于 2019 年抵达柯伊伯带的目标天体（命名为 2014MU69 的小天体），并将于 2029 年飞离太阳系。在 "新地平线号" 目前所处的区域，即太阳系的冥王星以外，无论是太阳还是其他天体的引力都十分微弱。根据牛顿第一定律，物体不受力的时候会保持静止或匀速直线运动。然而因为地球上的物体至少要受到地球引力的作用，所以在地球上不可能找到真正 "不受力" 的物体。"新地平线号" 探测器为我们提供了 "不受力" 物体的最佳实例。在美国国家航天局发布的 "新地平线号" 任务官网中，给出了每分钟更新一次的探测器与太阳、地球及目标天体间距离的实时数据，持续观察一段时间可以发现，探测器的运动近似为速度为 14.4 km/s 的匀速直线运动。

2. 冰壶运动中为什么要刷冰？

在冰壶比赛中，我们常常看到冰壶被掷出后，运动员用手里的毛刷在冰壶前方擦刷冰面，这样做的目的主要是为了减少冰面对冰壶的阻力，使冰壶向前运动得更远。根据牛顿第一定律，物体在不受外力的时候保持原来的运动状态不变。冰壶被以一定的速度掷出后，主要受到冰面给它的摩擦力的作用，当刷冰员在冰壶前面刷冰时，毛刷和冰面的摩擦使少量的冰融化，可以在冰壶和冰面之间形成一薄层水膜，这层水膜起到润滑剂的作用，避免了冰壶与冰面直接接触，使摩擦力大幅度降低，冰壶可以近似被看作在水平方向不受力，因而保持原来的速度向前运动。另外，如果冰壶掷出时有一定的旋转，也可以通过刷冰使冰壶改变前进方向，达到弧线运动的效果。

1.3.1.3 牛顿第二定律

惯性参考系下，任何一个物体所获得的加速度和该物体所受真实力的大小成正比，与质量成反比，此为牛顿第二定律。

对于一个具有确定初始条件的系统，在牛顿三定律和万有引力定律的支配下，该系统就具有确定的运动轨迹。即便初始条件有微小的改变，系统的运动轨迹也不会有明显的偏离。这也是 20 世纪以前人们对牛顿力学的决定论行为的理解。随着非线性动力学和混沌学的发展，人们发现，对于某些非线性系

授课录像：
牛顿第二定律

统，在某些特殊的条件下，即便有确定的动力学方程，极其微小的初始条件变化在理论计算上也会导致系统具有大相径庭的轨道差别，这一特性称为初值条件的敏感依赖性。在实际过程中，外界微小的扰动不可避免，这意味着理论上的初始条件无法严格地确定，因此，初值条件敏感依赖性会导致这样的系统具有不确定的轨迹，称为内在随机性，表现出一种混沌现象。这种现象首次出现在天气预报的研究中，被荷兰科学家洛伦兹称为"蝴蝶效应"，这个名称是源于他的一次演讲："一只蝴蝶在巴西扇动翅膀会在得克萨斯州引起龙卷风吗？"对于某些特殊的力学系统，在特殊的条件下，牛顿力学同样也存在着内在随机性行为，参见"AR演示：牛顿第二定律的内在随机性"。牛顿第二定律的应用实例列举如下：

AR演示：牛顿第二定律的内在随机性

1. 太空中如何称量体重？

地面上物体仅在重力作用下的运动规律参见"实物演示：抛体"。在地面上人受到的重力与人的质量成正比，利用这一关系可以用体重秤测量人的质量（俗称"体重"）。在绕地球飞行的宇宙飞船上，人处于失重状态，此时如何能够测出航天员的"体重"呢？根据牛顿第二定律，物体受力会产生加速度，加速度的大小与力的大小成正比、与物体的质量成反比。可见，通过给航天员施加一个大小已知的力，测出航天员在该力作用下产生加速度的大小，就可以计算出他的质量了。2013年6月20日，我国的"神舟十号"飞船在轨飞行期间，进行了一次精彩的太空授课活动。期间航天员把自己连接到一端固定的大弹簧的另一端，利用弹力使自己获得加速度，由此测出了自己的"体重"。在上述实验中，假定了物体的引力质量和惯性质量相等，这个假定的正确性已经得到实验的验证，参见"AR演示：厄特沃什实验"。

实物演示：抛体

AR演示：厄特沃什实验

2. 人体能够承受多大的加速度？

当我们乘坐的交通工具启动加速或刹车减速的时候，会对我们的身体产生一定影响，例如血液的异常流动等。加速度越大，对人体的影响就越严重。随着技术的进步，交通工具能够达到的瞬时加速度越来越大，那么，人类身体能够承受多大的加速度呢？一般用重力加速度g的倍数来表示加速度的大小。研究可知，普通过山车在最高点可产生大约$5g$的瞬时加速度，这时有些人会感到晕眩、恶心；为飞行员和航天员进行训练的专门器械，可以产生$8g$到$10g$的加速度，这是未经训练的人难以承受的。在20世纪50年代，一位叫斯塔普的美国军医用自己做试验，研究了人体能够承受的加速度的极限。他的研究结果表明只要有适合的姿态和防护装备，人体可以承受$45g$的瞬时加速度而不会死亡（但是会严重受伤）。斯塔普的试验对后来飞行座椅、抗荷服和安全带的研究产生了重要影响，人们按照他的建议进行了伞兵安全带和汽车防撞安全带等设施的设计和改进。

3. 为什么拱形的桥梁更结实？

很多桥梁、屋顶都会做成向上拱起的形状（拱形），这是因为相比平直或向下弯曲形状的结构，拱形结构能承受更大的竖直压力，也就能实现更大跨度的连接。当重物给拱形结构一个向下的正压力时，按照力的矢量分解法则，压力均匀地分散到两侧材料中，并沿着材料向下弯曲的方向传递到支撑地面。这样，只要选择抗压性较好的材料制成拱形结构，就能够承受较大的负载。如我国著名的赵州桥、印度的泰姬陵，都是拱形结构应用的典型。

除了能承受更大的静压力外，对于桥梁来说，拱形比平直的或向下弯曲的形状具有更大的载重上限。这是因为物体做曲线运动时会受到一个指向曲线凸起方向的离心力。当载重车辆在拱形桥梁上通过时，所受的离心力是向上的，抵消了一部分重力，因此拱形桥比平直桥能够允许更重的车辆通过；反之，如果桥是向下弯曲的，桥上通过的物体则会受到向下的离心力，因而加重了桥梁的负载。

4. 高空下落的雨滴速度会越来越大吗？

地球上的物体都会受到地球引力的作用。当物体仅受到地球引力而从高处落下时，速度是持续增加的，称为自由落体。按照万有引力定律和牛顿第二定律可以计算出，从 30 m 高处落到地面的自由落体，到达地面时的速度大小约为 24 $m·s^{-1}$ 或者 86 $km·h^{-1}$，这个速度相当可观了。30 m 大约是普通住宅楼十层楼的高度，试想，如果从这个高度释放一只篮球，它到达地面时会不会把路面都砸坏了呢？又或者，下雨的时候，雨滴从大于 1000 m 的高处落下，到达地面时的速度会不会大得多？事实上，由于空气的存在，地面上物体在运动过程中除了受地球引力外，都会受到空气的阻力，并且，物体的运动越快，它受到的空气阻力就越大，这样就阻碍了物体速度的继续增加。当下落物体受到的阻力与重力大小相等时，它的速度不再增加，而是以匀速下落，把这一速度称为落体的终极速度。通过计算可知，一个半径为 1 mm 的雨滴，它的终极速度在 4 $m·s^{-1}$ 到 10 $m·s^{-1}$ 之间，相当于 14 $km·h^{-1}$ 到 36 $km·h^{-1}$，这个结果是与我们的经验相符的。

1.3.1.4 牛顿第三定律

两个物体之间的作用力和反作用力，总是同时在同一条直线上，大小相等，方向相反，此为牛顿第三定律。牛顿第三定律是关于相互作用力性质的规律。作用在同一点上的多个力可以用一个力来等效，称为力的合成；反之，一个作用力也可以用多个力来等效，称为力的分解，参见"实物演示：力的合成与分解"。牛顿第三定律的应用实例列举如下：

授课录像：牛顿第三定律

实物演示：力的合成与分解

1. 小鸟为什么可以自由地飞行？

当人们看见鸟类在天空自由地飞翔时，往往十分羡慕，为什么人被限制在地面上而鸟类却可以飞呢？这主要由人和鸟受到空气作用力的差异决定。人和鸟都会受到地球引力的作用，同时由于空气的存在，人和鸟也都受到空气的浮力和黏性力等其他作用。人类身体的密度远远大于空气密度，所以受到的地球引力也远大于空气作用力，因此人依靠自身无法停留在空气中；鸟类的身体密度尽管也比空气的大，但要比人的密度小得多。当鸟展开翅膀向下煽动空气时，相当于对空气施加一定大小的向下的作用力。根据牛顿第三定律，空气会对鸟的翅膀施加大小相等的向上的反作用力，这个力几乎能够抵消鸟受到的重力，它与空气浮力、气流作用力一起，使鸟能够克服地球引力的束缚，在空中飞行。在飞鸟的启发下，人类发明了翼装、飞机等工具，借助它们人类也可以在空中飞行了。可以想象，如果在真空中，即便有再强大的翅膀，由于缺少空气的作用力，小鸟和飞机都无法升空飞行。

2. 流星和陨石是如何形成的？

在太阳系的行星际空间中，存在很多固体物质块或尘埃，它们在太阳的万有引力作用下绕太阳公转。当这些物质接近地球时，有可能受到地球引力而改变原有的运行轨道，其中一些物质会进入地球的大气层。星际物质进入大气层时与地球的相对速度在 10 $km·s^{-1}$

到 70 km·s^{-1} 之间，因而很快与大气摩擦而燃烧发光，这就是我们看到的流星。大部分产生流星的物质还没有到达地面就燃烧殆尽了，仅有少部分物质能到达地面，一般称作陨星或陨石。陨石的主要成分是硅酸盐，因此看起来像石块。也有一些陨石含有铁、镍等金属成分，这样的陨石也称铁陨石。

3. 如何获得更快的游泳速度？

观看游泳竞赛时，运动员手臂有节奏的划水和双腿用力的蹬水动作给人留下了很深的印象。正确的游泳动作会使运动员获得更快的游泳速度，进而提高比赛成绩。根据牛顿第三定律，向物体施加作用力会引起物体对施力者的反作用力，且反作用力与作用力大小相等、方向相反。当游泳运动员用力向后和向下方打水时，就会获得水对运动员的反作用力，反作用力的方向是向前和向上方的，向上的作用力帮助运动员克服重力作用，在水中保持适当的高度，向前的作用力使运动员获得向前的加速度，更快地到达终点。

4. 两本书的书页交替穿插在一起为何很难拽开？

拿两本差不多大小的、很厚的平装书，比如邮局里的电话簿，把它们的纸页互相交叉起来，越多越好，然后抓住两本书的书脊尝试将它们拽开，需要多大力气？可能你使出了"洪荒之力"也还是没能分开它们。当一本书的纸页间被加进了额外的纸页时，它的厚度增加了，但是书脊处还是紧订着的，这会使纸页之间产生额外的压力。这时如果你试图把额外的纸页拉出去，就产生了抵抗纸页移动的摩擦力，这个摩擦力的大小与压力成正比。

实物演示：
摩擦力自锁
效应

并且在每两张可能相互移动的纸页之间都有一个摩擦力。交叉的纸页越多，压力就越大，摩擦力的个数也变多了，因而分开纸页就变得极为困难。还有，当你试图分开这样的两本书时，用力抓住书脊的手却反而增大了纸页间的压力，使得越是用力越是难以分开纸页。反之，如果轻轻拿着两本书的书脊，稍加抖动使纸页之间的空隙增多，则大部分摩擦力消失，将两本书分开就变得很容易了，参见"实物演示：摩擦力自锁效应"。

5. 轴承中的钢珠有什么作用？

自行车轮、风扇、钟表等灵活运转的物体给我们的生活带来极大的方便。在这些物体的运转中心，都有一种关键的零件——轴承。轴承是当代机械设备中一种重要零部件。它的主要功能是支撑机械旋转体，降低其运动过程中的摩擦因数，并保证其运转精度。常见的轴承由内圈和外圈构成，一般外圈固定在支撑物体上，内圈连接旋转的轴。在内外圈之间，常常会放置一圈小钢珠，有时还会在小钢珠上再涂一层润滑剂。这些钢珠、润滑剂的作用是为了减少轴承转动过程中的摩擦力，使轮轴的运转更加平稳，使用寿命更长。因为球形的钢珠会把轴承各接触面间的滑动摩擦转变为滚动摩擦，利用滚动摩擦因数远小于滑动摩擦因数的特点，使摩擦力大幅度减小；另一方面，润滑剂使固体表面间的接触转变为固体表面和液体的接触，也可大大减小摩擦力。

6. 神奇的形状记忆合金有何特征？

形状记忆合金是一类特殊的合金材料。这种材料经过塑性形变后，当满足一定条件时，又自动恢复到形变前的形状，好似具有"记忆"一样。一般的金属材料，当外力引起的形变超过其弹性极限时，将产生永久形变，称为塑性形变。在固相状态下加热金属，塑性形变不能完全恢复。但有一些特殊的功能材料如形状记忆合金，在转变温度以上（高温）制成一定的形状，当冷却到转变温度以下（低温）并用外力使其发生塑性形变后，再次加热到高温时，材料能够完全恢复到形变前的形状。这一现象称为形状记忆效应，相应的材料称形状记忆合金（一般都是由两种或两种以上金属制成的合金材料）。形状记忆合金具有许多优异的性能，被广泛应用于航空航天、机械电子、生物医疗、建筑工程、汽车工业及日常生活等多个领域，参见"实物演示：形状记忆合金"。

实物演示：形状记忆合金

1.3.1.5 非惯性系动力学方程

在特定的参考系中，物体不受外力作用会保持静止或匀速运动状态，这个特殊的参考系称为惯性系。而相对该惯性系做非匀速直线运动的参考系就是非惯性系。例如，加速或减速的汽车是一个简单的平动非惯性系；考虑地球的自转，地球表面可看作是一个匀角速度转动的非惯性系；游乐园中的空中旋转娱乐装置是一个既有平动又有转动的复杂非惯性系。

授课像：非惯性系动力学方程

在非惯性系中，牛顿第二定律是失效的，参见"AR演示：自由落体非惯性系"。但研究表明，如果在非惯性系中人为地加上一个虚拟的力的话，将物体所受的真实力和这个虚拟的力合起来作为物体所受的合外力，牛顿第二定律的形式对于非惯性系依然有效。这个虚拟的力称为惯性力。之所以如此解决非惯性系的动力学问题源于等效原理，参见"AR演示：等效原理"。惯性力的作用效果和真实力的效果无异，但没有施力来源，所以，在非惯性系下的这种惯性力就像是一种无形的力量之手。非惯性系动力学的应用实例列举如下：

AR演示：自由落体非惯性系

AR演示：等效原理

1. 惯性的本质是什么？

牛顿第一定律告诉我们，物体不受外力的时候会保持静止或匀速直线运动的状态，这称为物体的惯性。由于惯性，一个本来沿着直线匀速运动的物体，如果不受任何扰动，是不会停下的。运动的物体之所以会逐渐停下，是由于受到了阻碍它运动的外力的作用。例如被推着向前运动的桌子，当不再推着它时，会由于地面的摩擦力而很快停下来。如果在光滑的冰面上推动桌子，可想而知它会运动更远的距离才停下。虽然有时候阻力不易察觉，但仍然是使物体从运动转为静止的原因。例如在平直坚硬的地面上滚动的硬质球，看起来不受什么力的作用，会前进很远的距离，但它最终还是会停下，因为有空气阻力对它的作用。总之，由于惯性的存在，保持物体的运动状态不需要力，而改变运动状态需要外力的作用。对于非惯性系，即使无外力作用时物体也会呈现出运动状态改变的现象，这是源于等效引力，参见"动画演示：惯性"。

动画演示：惯性

2. 何时会发生超重和失重？

体重秤通过测量人对秤的正压力来显示人的重量。在地面上，根据牛顿第三定律，人对秤的压力等于秤对人对支持力；又根据牛顿第一定律，人在重力和支持力的共同作用下保持平衡，则支持力的大小等于重力大小，因此我们认为体重秤能够准确显示出人的重量。但是当人站在一部加速上升或下降的电梯里的体重秤上时，情况则不同。例如当电梯加速上升时，根据牛顿第二定律，人受到的合力是向上的，即支持力大于重力，而此时体重秤仍然显示支持力大小，即秤的示数大于实际重量，这种现象称为"超重"；反之，在加速下降的电梯内，体重秤的示数会小于实际重量，称为"失重"现象。尤其是

**AR演示：
超重与失重**

当电梯以自由落体的方式下落时，根据牛顿第二定律可以计算出支持力等于零，体重秤的示数也会变为零，这称为完全失重现象。从电梯参考系的角度，这种超重和失重现象源于平动惯性力的作用，参见"AR演示：超重与失重"。

3. 潮汐现象是如何发生的？

大海边的潮涨潮落（潮汐现象）自古以来就引起了人们极大的兴趣。人们通过观察发现，潮汐现象具有按日、按月的周期性变化规律，因而猜测潮汐现象一定与太阳、月球有关。到17世纪后期，牛顿根据万有引力定律对潮汐现象作出了合理的解释。地球表面的海水除了受到地球的作用力外，还受到太阳、月球及其他星体的万有引力，其中太阳和月球的作用力为主要因素。根据万有引力定律，地球表面某处单位质量的海水受到引力的大小与星体质量成正比、与星体到该处距离的平方成反比。此外，由于地球和太阳绕二者质心的公转，地球上物体会受到一个额外的背向太阳的力，称平动惯性力；类似地，由于月球和地球绕二者的质心公转，地球上物体也受到一个背向月球的平动惯性力。以上各力共同作用，就形成了按日、按月周期性变化的潮汐现象。人们掌握了潮汐现象的规律后，可以利用潮汐现象带来的能量，如建立发电站，也可以利用涨潮落潮的规律筹划军事活动，参见"AR演示：潮汐现象"。

**AR演示：
潮汐现象**

4. 物体在地球表面各处的重量相同吗？

传说古时候，有商人用船舶从高纬度地区运送黄金到赤道区域，到达后发现黄金的重量变轻了。商人以为有人偷窃了一部分黄金，但没有查到盗贼，使这一事件成为疑案。现在我们用物理学知识可以找出"失窃"的黄金。通常我们认为地面上物体的重量就等于地球对物体的万有引力，这其实是不准确的。由于地球的自转，地面上物体除了受到万有引力作用外，还受到惯性离心力的作用。这些力的合力才是物体受到的重力，也称表观重力。惯性离心力的大小主要与纬度有关，在两极附近最大，而在赤道最小，其方向也与万有引力方向不同。再考虑到地球不是一个规则的球体，而是在赤道处半径较大的扁球体，这意味着赤道处的万有引力是最小的。综合考虑两种力的大小和方向，可以计算出物体的表观重力随纬度变化，在两极处最大，赤道处最小。由此可以推知，将商品从高纬度地区运输到赤道附近时，即使未发生失窃，商品的表观重力也会减小。现代物理学将物体的质量与重量区分考虑，用天平称量质量，质量不随地点发生变化。有关现象与原理参见"实物演示：惯性离心力""实物演示：非惯性系下物体的运动""AR演示：表观重力"。

**实物演示：
惯性离心力**

**实物演示：
非惯性系下
物体的运动**

**AR演示：
表观重力**

5. 如何验证地球的自转？

人们以地面为参考系，会观察到日月星辰围绕地球的运转。如果以太阳的中心为参考系，则可认为地球在围绕太阳进行公转和自转。在地面上的人不易察觉到地球的自转，但可以通过力学实验来验证它。由于地球自西向东的自转，地面物体会受到惯性离心力的作用。除此之外，如果物体的速度方向不平行于地球的自转轴，还会受到科里奥利力的作用（参见"实物演示：科里奥利力"）。科里奥利力的方向总是垂直于物体的运动速度方向，因此能显著改变物体的运动轨迹。1851年，法国科学家傅科制成"傅科摆"装置，首次利用科里奥利力的效果验证了地

**实物演示：
科里奥利力**

球的自转。傅科摆由一根 67 m 长的细钢丝末端悬挂 28 kg 重的铅球组成，钢丝顶端连接在精巧设计的悬挂结构上，使摆动时的摩擦阻力和扭转阻力都十分微小，因此傅科摆可以做长时间的摆动，且摆动平面能够自由转动。根据牛顿力学原理，如果地球没有自转，傅科摆将只在一个平面内摆动，而实际观察到摆的平面缓慢地转动，其原因就是科里奥利力的作用，由此验证了地球自转。参见"AR 演示：傅科摆"。

6. 落体为何会偏东？

由于地球的自转，地面上物体除了受到万有引力作用外，还受到惯性离心力的作用。如果物体以一定的速度相对地面运动，还会受到科里奥利力的作用。科里奥利力的方向与地球自转角速度方向垂直、同时与物体相对地面的运动速度方向垂直。如果观察者面向北方站立，观察从一定高度下落的物体，会发现科里奥利力的作用使物体偏向自己的右侧，即使落体偏东，参见"AR 演示：落体偏东"。

AR 演示：
傅科摆

AR 演示：
落体偏东

7. 北半球的冬天为何容易刮东北风？

地球北极的气温低于赤道附近的气温，在北半球大气易发生由北向南的流动，尤其是冬季更加明显。气流在运动过程中受到科里奥利力的作用，会偏向运动方向的西侧。因此在北半球的冬季经常刮东北风，参见"AR 演示：东北信风"。

AR 演示：
东北信风

8. 台风是如何形成的？

台风是在热带洋面上形成的。那里温度高、湿度大，易形成低气压中心，导致外界气流进入。气流远距离运动过程中受到科里奥利力的作用，产生垂直于流速向右偏转的运动。又由于气体相对低气压中心的角动量守恒，随着气体接近中心，半径减小，角速度将逐渐增大。科里奥利力与角动量守恒的共同作用，导致气流逐渐形成涡旋（从气体上方观察，北半球是逆时针，南半球是顺时针），并最终形成强劲的台风。参见"AR 演示：台风的形成"。

AR 演示：
台风的形成

9. 国际航班往返时间为何会不同？

经常乘飞机进行远途旅行的人们会发现，在两地间往返时，尽管是同一机型、相同航线，往返的时间却可能有差别。可能有人会以为沿东西方向运行的飞机往返时间的差异是由地球的自西向东自转运动引起的，这种理解是不对的。由参考系的概念可知，地球自西向东的运转不会直接改变飞机相对地面的运行速度。这就好像我们在匀速前进的火车车厢里抛物体，无论抛向车头还是车尾，只要用力相同，抛出的距离一定相同，与火车的前进方向无关。因此，当不存在气流因素时，飞机相对地面的速度就是它的空速，与它向西或向东飞行无关。

当不考虑人为因素时，这种往返所需时间的差别主要是由大气的流动引起的。大型客机和远程飞机通常都在大气层的对流层顶部或平流层下层飞行，也就是距地面 6～15 km 高度区域。这一区域的大气流动特点是以稳定的平层流动为主。飞机是在大气环境中飞行的，由飞机自身推力维持的飞行速度是相对空气的速度，称为飞机的空速。由于平流层大气的流动，飞机实际相对地面的速度就是空速加气流速度。例如在我国所处的中纬度地区上空，平流层的大气一般都是自西向东流动的。这样当飞机自西向东飞行时，它相对地面的速度加大了；反之，自东向西飞行时，飞机相对地面的速度将减少。例如在北京和伦敦往返的航班，即使沿相同航线飞行，北京到伦敦所用时间也会比伦敦到北京的多出不少时间。

上述的解释实际上遗留了一个最为关键的问题，即地球表面各个不同区域的平流层为什么会出现不同方向的稳定流向，而不是随机的。这是由于地球的自转对流动气体产生科里奥利力作用的结果，参见"AR 演示：大气环流构成"。

AR 演示：
大气环流构成

1.3.2 运动定理与守恒定律

前述介绍了质点的基本动力学规律及其应用实例。对质点运动规律的进一步研究结果表明，如果我们在已有的牛顿力学定律基础上，利用数学手段，在时间或空间上对作用于质点的力（或定义新的物理量——力矩）进行积分，并引入描述质点运动状态的一些新的物理量，如动量、能量和角动量等，就可以得到关于这些量的新的物理规律，如动量定理、动能定理（功能原理）和角动量定理等，并在一定的条件下可推论出相应的守恒定律。利用这些定理或定律直接去分析质点的运动问题，往往比从牛顿力学定律出发更为方便。更重要的是，可以将质点的这些定理和定律推广至质点系，得到质点系的相应定理与守恒定律，以此为基础，在不必求解每个质点运动的情况下就能获得关于质点系的许多信息。

1.3.2.1 质心运动定理

一个物体可以看成由无数个质点构成的系统。质点之间存在相互作用的内力，因而使描述物体的运动状态比描述单一质点的运动更加复杂。力学的研究结果表明，对于物体可以找到一个特殊的点，称为质心，质心的运动状态仅与物体受到的合外力有关，而与组成物体的质点间的内力无关。在合外力的作用下，质心的运动遵从牛顿第二定律的形式，称为质心运动定理。对于均匀的物体，质心就是它的几何中心；非均匀物体的质心需要经过计算或实验求出。相关解释参见"实物演示：质心运动""实物演示：锥体上滚""AR 演示：质心参考系"。质心运动定理的应用实例列举如下：

授课录像：
质心运动定理

AR 演示：
质心参考系

实物演示：
质心运动

实物演示：
锥体上滚

1. 如何赢得拔河比赛？

拔河比赛是一项十分有趣的传统体育活动。了解一下拔河比赛中的力学原理，说不定会帮助你的团队赢得比赛呢！在拔河比赛中，把双方队员以及绳子看作一个物理系统，它的质心具有确定的位置。从力学角度看，比赛的目标就是使系统的质心向自己一方运动。根据质心运动定理，只要整个系统受到的合外力是朝向自己一方的，质心就会向己方运动了。可见，赢得比赛的关键是使整个系统受到向自己一方的合外力。当两方队员都抓紧绳子不打滑时，队员的手和绳子之间的作用力属于系统的内力，而队员的脚受到地面的摩擦力属于外力。力学知识告诉我们，摩擦力等于正压力乘以摩擦因数。因此，我们应该尽量选择体重较重的队员参加拔河比赛，以便增大队员对地面的正压力，从而增大所需的摩擦力。对于单个队员来讲，当用力向己方拉绳时，会受到绳子的反作用力，感到要向前倾倒。这是由于绳子的反作用力会引起一个相对于队员立足点的力矩。为了克服这一力矩，队员应尽量使身体向后倾，以便增大自身重心到立足点的水平距离，使重力的力矩能抵消绳子仅作用力的力矩。此外，在拔河比赛中还可以在手心使用防滑粉，也是为了增大摩擦力。

2. 堆叠的书本可以偏离支撑面边缘吗？

在水平桌面的边缘放一本书，使书向外的一边偏离桌面边缘一小段。在它上面放第二本，并且使第二本书再向外偏一小段，照这样把若干本书堆叠起来，最多能偏出桌面边缘多远？这个问题可以通过质心的概念来找出答案。把桌面上全部的书看作一个整体，可以计算出这些书的质心位置。尽管书堆是部分悬空的，但它们的质心仍然有可能落在桌面边缘以内，这时桌面的支撑力与书堆整体受到的重力平衡，书堆能保持稳定；当继续堆叠书本时，质心水平位置逐渐向外偏移，当偏移到了桌面边缘以外，则重力与支撑力不再能保持平衡，而是形成一个力矩，最终使书堆向外倾倒。

3. 走钢丝表演者手中的长杆有什么用？

很多走钢丝表演者在钢丝上行走时会手持一根又长又重的横杆，它的作用是什么呢？表演者能够保持在钢丝上不落下来的关键是使自己的质心始终不偏离钢丝的正上方，这对于直立行走的人来说是十分困难的。因为钢丝很细，而人的质心在钢丝上方大约一半身高的位置，在人移动的过程中，一旦质心稍有偏离，则人受到的重力会产生一个相对人在钢丝上立足点的力矩，这一力矩的大小与质心距立足点的高度成正比，它会进一步加剧人的质心偏离，最终使人倾倒。如果表演者手持一根较长的横杆，则人和杆组成的系统的质心位置会大幅度降低，这就使由于质心偏离而产生的力矩减小；另一方面，由于横杆又长又重，它对系统质心的位置具有很大的影响，这就减弱了由于人的晃动而引起的系统质心的偏离，使表演者更容易控制系统质心的位置，从而保持平衡。

1.3.2.2　动量定理与动量守恒定律

力对时间的累积称为力的冲量，物体的速度与质量的乘积称为动量。由牛顿第二定律可以推知，一段时间内力的冲量等于这段时间动量的变化，这一规律称为动量定理。由动量定理可以推知，当一个系统受到的外力之和为零时，系统的总动量守恒，参见"实物演示：动量守恒"。动量定理与动量守恒定律的应用实例列举如下：

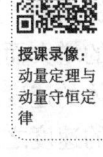

授课录像：动量定理与动量守恒定律

实物演示：动量守恒

1. 机场为何要驱赶小鸟？

你是否听说过一种称作"机场驱鸟员"的职业？其实这个工作和我们的生活密切相关。当我们乘坐飞机出行时，飞机的安全起降可离不开机场驱鸟员的辛勤付出。虽然鸟类和飞机相比，体重和速度都相差悬殊，但是一旦与正在高速飞行中的飞机相撞，所造成的破坏力却大得惊人。根据动量定理，当两个物体发生碰撞时，所产生的冲击力与两物体碰撞前后的动量改变成正比。假设一只体重 0.5 kg、初始速度可忽略不计的小鸟不幸撞上了一架 360 km·h^{-1} 的飞机，则根据动量定理计算可知，撞击产生的力可达 1000 N，再考虑到撞击发生的面积很小，或发生在引擎等关键部位，对飞机产生的威胁是相当巨大的。因为鸟类的活动高度主要在地面以上几百米的范围，所以在飞机起降时防止撞击尤为重要。事实上，除了飞鸟外，像民用无人机、气球等低空飞行物体，都是禁止在机场附近的空间出现的，就是为了避免对起降的飞机构成威胁。当我们明白了其中的物理原理，就更应该自觉遵守这项规定了。

2. 火箭是如何升空的？

地面上的物体都会受到地球引力的作用。要想使物体克服地球引力而远离地球表面，甚至进行太空旅行，就需要使物体获得足够的初始速度。火箭是人类制造的能够高速飞行的主要运载工具。火箭内部携带着动力燃料，在发射时，燃料燃烧所产生的气体物质以高速向火箭后方喷射。根据动量定理，喷射物质与火箭主体间产生相互作用力，使火箭获得向前的加速推进。在1903年，俄罗斯的中学教师齐奥尔科夫斯基推导出火箭方程式，描述了火箭能达到的最终速度与它的初始总质量、最终质量以及喷射物质速度之间的关系。由火箭方程式可知，若想获得更大的最终速度，需要提高喷射物质速度，或增大初始总质量与最终质量的比值。另外，采用多级火箭设计也能够进一步提高最终速度。

3. 为什么儿童乘车应使用儿童安全座椅？

儿童乘坐家用轿车的时候，应该使用专门的儿童安全座椅，而不应单独坐在成人座位上，或由成人抱着乘车。这是为了在汽车发生碰撞或突然变速的情况下，减缓对儿童的冲击力和限制儿童的身体移动，以减少对他们的伤害，确保孩子的乘车安全。试验可知，一辆 40 km·h^{-1} 的汽车在遭遇正面碰撞并停下时，它的速度在不足 0.1 s 的时间内即减少至零，这时如果车内自由坐着一个体重 10 kg 的儿童，根据动量定理计算可得，需要至少 1000 N 的约束力，才能够避免儿童向前撞到座椅或汽车挡风玻璃上。显然，儿童自身或抱着儿童的成人都难以提供这样的保障。儿童安全座椅的约束系统具有固定组件和柔韧性部件，能够有效减缓汽车紧急变速对儿童的冲击力，保障儿童的乘车安全。

4. 为什么驾驶机动车时禁止超速？

按照交通法规，机动车在行驶时禁止超过道路标志的最高限速。机动车超速的危害是极大的。超速的车辆更容易和其他车辆或物体发生碰撞，并且碰撞产生的破坏力随着车速的增大而急剧增大。由动量定理可知，当两物体发生碰撞时，其相互作用的冲击力与两物体的速度之差成正比、与碰撞持续的时间成反比。车辆超速一方面提高了自身与其他车辆的速度之差，另一方面，缩短了碰撞的持续时间，因此可以认为车辆发生碰撞时产生的冲击力与其速度平方相关，超速行驶发生碰撞会带来更大的破坏。另外，超速行驶还会使驾驶员的视野变窄、反应力下降，使车辆性能恶化，如果道路转弯，还会由于离心力而增大侧滑翻车的风险。因此，我们驾驶机动车的时候应该遵守规定，避免超速。

1.3.2.3 功能原理与机械能守恒定律

授课录像：
功能原理与机械能守恒定律

力对空间的累积称为功。物体速度的平方与质量乘积的二分之一定义为动能。由牛顿第二定律推知，在一段路程中力对物体所做的功等于物体始末位置动能的差，这一规律称为动能定理。由动能定理可以进一步获得功能原理。由功能原理可以推知保守力系统的机械能守恒定律，参见"实物演示：机械能守恒"。

实物演示：
机械能守恒

联合动量守恒定律和机械能守恒定律，可以处理碰撞一类的物理问题，参见"一维碰撞""二维碰撞"的 AR 演示，以及"徒手碎酒瓶""联球碰撞"的实物演示。功能原理与机械能守恒定律的应用实例列举如下：

AR 演示： 一维碰撞　　**AR 演示：** 二维碰撞　　**实物演示：** 徒手碎酒瓶　　**实物演示：** 联球碰撞

1. 为什么机动车在行驶时应保持足够车距？

机动车在道路上行驶时应该与前方车辆保持足够的车距，这是出于对安全的考虑，防止发生追尾等事故。如果不考虑驾驶员的反应过程，行驶的车辆从开始刹车到完全停下来所需要的距离称刹车距离。根据功能原理可知，刹车距离与车速的平方成正比、与车受到的摩擦力成反比。也就是说，车速越快、路面越滑，就需要更大的距离才能使车子停下来。例如，假设路面与车轮的摩擦因数为 0.8，速度为 60 km·h^{-1} 的汽车的刹车距离约为 17 m。再考虑到驾驶员从发现情况到做出刹车动作所需的反应时间和车辆的响应时间，则速度为 60 km·h^{-1} 的车应与前车保持 60 m 以上的距离，才是安全的。

2. 如何跳得更高、更远？

在田径比赛中如何才能跳得更高、更远？了解这些运动中的物理学原理对提升运动成绩大有帮助。下面以撑竿跳高为例来分析一下体育运动中蕴含的物理学原理。在撑竿跳高中，运动员先助跑一段距离，到达起跳点时将手中的撑竿插入规定的插斗，借助竿的支撑和弹力使身体越过一定高度。从物理学角度分析，助跑和使用撑竿都是为了提高运动员的机械能，并最终转化为运动员的重力势能，使其成功越过一定高度。在助跑过程中，运动员首先消耗储存在肌肉中的化学能，增加动能。接着在起跳点竖起撑竿并使其弯曲，这时撑竿起到类似弹簧的作用，将运动员的一部分动能转化为弹性势能储存在竿中。当运动员跳起上升时，运动员的动能转化为重力势能，同时撑竿逐渐伸直，其中储存的弹性势能也转化为重力势能，帮助运动员上升到最高点。可见，要想在撑竿跳高中取得好成绩，一方面应具有较好的短跑加速能力，另一方面还应选择性能良好的撑竿。撑竿最早使用木竿、竹竿，现在一般使用重量轻、弹性好的玻璃纤维材料制作。

3. 如何有效地进行滑冰接力？

在滑冰接力比赛中，我们看到场上运动员到达准备接力的队友身后时，会用力向前推一下队友。这样做能够使接力队友速度加快，提高比赛成绩。根据碰撞的力学规律，当一个人以一定的速度与另一个质量相近的、静止的人相碰撞时，如果无能量损失则二者会交换速度，即原先运动的会静止，原先静止的会获得速度。在滑冰接力比赛中，运动员正是利用了这一特点，通过向前推队友的动作，使完成赛程的运动员将自己的大部分动量转移给接力队友，以提高比赛成绩。

4. 为什么会发生超级球效应？

根据碰撞过程的特点可以推知，当均具有初始速度的较小质量的物体与较大质量的物体相碰时，较小质量的物体将获得较大的反弹速度。例如，将一个质量较小的弹性球放在一个较大的弹性球上方，使二者从一定高度共同下落，则大球落地后向上弹起，与小球发生碰撞，可以发现小球被反弹的高度远大于它开始下落时的高度，参见"实物演示：超级球效应"。

实物演示： 超级球效应

1.3.2.4 角动量定理与角动量守恒定律

授课录像：
角动量定理
与角动量守
恒定律

力乘以力的作用点到空间某参考点的距离称为力矩，质点的动量乘以质点所在位置到空间某参考点的距离称为角动量。由牛顿第二定律推知，对空间同一参考点，力矩等于质点角动量对时间的变化率，这一规律称为角动量定理。当作用在系统上的合外力对空间某参考点的力矩之和为零时，由角动量定理可以推知系统的角动量守恒，这称为角动量守恒定律。角动量定理与角动量守恒定律的应用实例列举如下：

1. 门把手为何要安在远离转轴的位置？

门是我们生活中最常见的建筑构件。普通的平开门在其一个竖直侧边装有合页或铰链，以使门扇能够以这个侧边为轴进行转动，实现开合的功能。为了方便人们开合，门扇上还装有把手。仔细观察可以发现，门把手大多安装在远离转轴的位置，即门扇的另一个竖直侧边附近。这个司空见惯的现象其实反映了一个基本的力学概念，即力矩。对一个有固定转轴的物体施加外力，产生的效果是使物体转动。由角动量定理可知，只有沿着垂直于门扇方向的力才会对转动有贡献，而在门扇平面内的作用力都是徒劳的。而且，对于垂直于门扇方向的力，距离转轴越远，转动效果越明显。因此，为了轻松地推开门，我们应该尽量增大把手到转轴的距离，以使同样的力产生更大的力矩。

2. 如何保证船的稳定性？

静立在地面或其他固体支撑面上的物体，在重力和支持力的作用下保持平衡。假设物体朝下的部分是曲面，且与支撑面接触面积较小，可看作一个接触点或一条接触边。当这样的物体受到扰动而倾斜时，可能出现两类结果：翻倒或恢复直立。具体出现哪一类结果与物体的形状、质量分布及外来扰动的程度有关，遵守角动量定理。以底部为半球形的不倒翁为例，当外力推动不倒翁时，它首先发生倾斜，导致与支撑面的接触点发生改变。这使得原来在接触点上方的质心不再处于新接触点的正上方，而是向倾斜侧或相反的一侧偏离。不倒翁受到的重力具有一个相对新接触点的力矩。如果质心偏向倾斜的一侧，则重力力矩会加速物体的倾斜。如果不倒翁的质心位置足够低，则在倾斜过程中质心的偏向会始

AR 演示：
不倒翁

终与倾斜方向相反，即重力力矩总是抵抗物体的倾斜趋势，使不倒翁恢复到原来直立状态，这就是不倒翁的原理，参见"AR 演示：不倒翁"。船的设计除了考虑浮力的作用外，还要考虑不倒翁原理的因素。当船浮在水中静止时，所受浮力与重力在同一条直线上，合外力矩为零；船受到扰动发生倾斜时，底部排水部分的形状发生变化，尽管浮力的大小、方向不变，但浮力的作用线偏离重心，即浮力与重力的力矩之和不为零，使船发生转动。如果船的重心位置足够低或倾斜程度较小，则浮力和重力的力矩之和是使船抵抗倾斜趋势的恢复力矩，船不发生翻转；反之，如果浮力和重力的力矩之和是使船转向倾斜方向的，则加剧了船的倾斜，最终会导致船的翻转。

前述给出了质点的基本运动规律，以及其导出规律的原理及相关应用实例。下面我们依据这些原理介绍两种特殊质点系（刚体、流体），以及两种较为普遍的运动形式（振动、波动）的运动规律及应用实例。

1.3.3 刚体运动规律

自然界中有形物质的存在状态可分为固态、液态、气态、等离子态。在外力和内力的作用下，严格来讲，这些状态的物质都会有形变，但其形变的大小有差异，以固态物质（固体）的形变最小。整体上形变可忽略的特殊固态物质（质点系）称为刚体。与质点类似，显然刚体也是一种理想化的模型。刚体是比较常碰到的一种质点系，因此，了解其运动规律具有重要的意义。

1.3.3.1 定轴转动

对于具有一个固定转轴的刚体，其上的每一点都仅能绕固定转轴做圆周运动，称刚体做定轴转动。描述刚体的转动需要用到角速度、角加速度等参量。有限的角位移和平均角速度不能定义为矢量。而无限小的角位移也可以定义为矢量，由此导致瞬时角速度（简称角速度）也可以定义为矢量，满足矢量的叠加法则，参见"实物演示：角速度的矢量性"。当这样的刚体受到合外力矩作

授课录像：
定轴转动

用时，产生的角加速度大小与合外力矩成正比，与刚体的转动惯量成反比，这称为定轴刚体的转动定律。所谓转动惯量，是反映刚体转动惯性大小的物理量。做定轴转动刚体的转动惯量与刚体的质量及质量相对转轴的分布有关。当质量集中在转轴附近时，转动惯量较小；当质量分布在远离转轴位置时，转动惯量较大，参见"实物演示：转动惯量演示仪"。定轴转动刚体的转动惯量与转动角速度的乘积称为刚体的角动量。当定轴转动的刚体所受的合外力矩等于零时，刚体的角动量守恒，参见"实物演示：转椅角动量守恒""实物演示：摩擦转盘角动量守恒"。

实物演示：角速度的矢量性　　实物演示：转动惯量演示仪　　实物演示：转椅角动量守恒　　实物演示：摩擦转盘角动量守恒

角动量守恒定律不仅适用于刚体，也适用于形状可改变的质点系。当一个形状可改变的质点系绕固定转轴转动，且受到的合外力矩等于零时，质点系对该转轴的总角动量是守恒的。如果质点系的形状改变使其对转轴的转动惯量增大，则转动角速度相应减小；反之，若质点系转动惯量减小则角速度增大。定轴转动定律与角动量守恒定律的应用实例列举如下：

1. 在旋转木马的不同位置为何感觉快慢不同？

旋转木马是深受儿童和青少年喜爱的一项娱乐设施。乘坐旋转木马的时候我们会发现，在不同的位置体验到的转动感受可能不同。在远离转轴的木马边缘，会感觉到更快的运动，而越靠近转轴，感到的运动越慢。对于物体绕固定轴的转动，有两个不同的速度概念，即角速度和线速度。角速度是指物体每秒转过的角度，它对于转动物体的各部分是相同的；线速度是指物体上的某点每秒运动的路径长度。在物体绕固定轴转动过程中，物体上的各点都在做圆周运动，圆心在转轴上，圆周的半径为这个点到转轴的距离。根据运动学知识可知，某点的线速度等于角速度乘以点到转轴的距离。当旋转木马转动时，尽管整

个装置的角速度相同,但远离转轴的点的线速度更大,也就使人感觉运动得更快了。

2. 如何将直线运动转变为定轴转动?

汽车的发动机工作时,气缸内的燃料燃烧,产生的能量使气缸内气体膨胀,推动活塞移动,这样就将燃料的热能转化成了机械能。然而,发动机气缸的活塞进行的是一种往复的直线运动,而车轮要做旋转运动,如何实现这种转变呢?把往复直线运动转变成旋转运动,靠的是一套特殊设计的组件,即曲轴和连杆。曲轴是一种具有偏心凸起的转动部件,偏心凸起通过连杆与气缸的活塞相连,当活塞往复运动时,连杆带动凸起部分往复运动,由于曲轴的结构特点,就会使曲轴转动起来。曲轴的轴心与车轮轴固连,这样曲轴的转动就会带动车轮转动,从而实现车辆动力从气缸到车轮的传递。这种将往复运动转变为旋转运动的方法,是由英国著名发明家瓦特于1781年首先提出的,因为这项发明以及其他有关蒸汽机改进和应用的重要发明,瓦特被称为现代蒸汽机的发明者。现代工业的大部分依靠燃料提供动力的装置中,都利用了具有类似原理的曲轴连杆组件。

3. 运动员如何控制转体角速度?

花样滑冰运动员在冰面上时而快速地旋转,时而舒缓地舞动,让人赞叹不已。其实这些表演是受着角动量守恒规律支配的。当运动员用自己冰鞋的一小部分触地做旋转动作时,可近似看作是不受外力矩作用的定轴转动,其角动量近似守恒。运动员控制自身的质量相对轴的分布,也就是控制自身的转动惯量,从而可以控制自身旋转的角速度,实现或快或慢的旋转动作了。例如,如果运动员直立身体并收拢双臂,则转动惯量变小,相应地转动角速度变大;而当运动员伸展双臂或俯身抬腿,则转动惯量变大,转动角速度就会减小了。

4. 直升机尾部的螺旋桨起什么作用?

直升机是依靠机身上方的半径较大的旋翼旋转,向下推动空气而获得升力的。在直升机的尾部还有一个小的螺旋桨,它是绕着平行于机身方向的水平轴在竖直平面内转动的。这样的旋转并不能提供竖直方向的升力,那么这个尾桨的作用是什么呢?当直升机在空气中且不受其他物体的作用时,它的整体角动量是守恒的。如果机身上方的旋翼开始旋转,由于角动量守恒定律,整个机身会向相反方向旋转,导致直升机会在空中打转。从角动量定理的角度看,直升机在空中打转,意味着机身一定受到了垂直于机身的竖直方向的力矩作用。为了抵消这个力矩,人们设计了尾部螺旋桨,使它通过旋转在水平方向推动空气,与之产生的对机身的反作用力矩也为竖直方向,此力矩能够抵消引起机身打转的力矩,这样直升机就不会在空中打转了。通过调节尾部螺旋桨的旋转方向和转速,还可以在直升机前进或悬停的时候控制机身姿态,以及辅助改变前进方向。当然,并非所有直升机都需要尾部螺旋桨。例如双旋翼直升机,在机身上方有两个共轴的旋翼,工作时两个旋翼旋转方向相反,以满足角动量守恒定律的要求,机身也就不会打转了。

1.3.3.2 质心运动与相对质心转动

授课录像:
质心运动与相对质心转动

物体在空间的运动可以等效为质心的运动和相对质心的转动。质心的运动服从质心运动定律,相对质心的转动服从角动量定理。参见"实物演示:平动陀螺仪""实物演示:滚摆"。如果刚体在滚动过程中不发生滑动,称刚体做纯滚动。纯滚动的特征及条件请参见"实物演示:转动惯量与质量比值的比较""实物演示:纯滚动条件比较"。物体进行质心运动与相对质心转动的应用实列列举如下:

§1.3 力学相关基本规律与人类生活

实物演示：
平动陀螺仪

实物演示：
滚摆

实物演示：
转动惯量与质量比值的比较

实物演示：
纯滚动条件比较

1. 跳台跳水运动员如何实现空中转体与落水的控制？

跳台跳水运动员的运动是质心的运动与相对质心转动的结合。质心的运动遵从质心运动定律，即运动员的整体质心运动是抛物线，起跳高度和落水点取决于起跳时的初始速度。运动员通过控制起跳时的速度，以实现精准的落水点。运动员相对质心在转轴方向的转动遵从角动量定理。由角动量守恒定律可知，当运动员的质量分布集中在转轴附近时，转动惯量小，角速度变大；当运动员的质量分布远离转轴时，转动惯量大，角速度变小。因此，运动员在空中转体时尽量使身体收缩，使得转动惯量变小，从而获得较快的转速；而在即将落水的时候，要伸展身体，使得转动惯量变大，从而获得较慢的转速，以减少水花的产生。

2. 为什么会有季节变化以及极昼、极夜现象？

地球围绕太阳的运动亦是质心运动与相对质心转动的例子。地球在不断地围绕太阳公转及自转。地球的自转轴并不垂直于它的公转轨道平面，而是与公转轨道平面保持一定的倾角。这样，一年中地球上被太阳直射的区域是不断变化的。在春分和秋分这两天，太阳直射到赤道上，全球各地昼夜等长。春分时北半球处于春季而南半球处于秋季。春分之后，太阳直射点逐渐向北移动，北半球比南半球接收更多的阳光辐射。从春分到夏至，北半球由春季进入夏季，气温升高、白昼变长，而南半球由秋季进入冬季，气温降低、黑夜变长。并且，由于地球近似球形，北极附近会出现极昼现象，也就是一整天太阳都不落到地平线以下；而南极附近会出现极夜现象，也就是一整天太阳都不升到地平线以上。到夏至这天，太阳直射点到达北回归线，北半球白昼最长，整个北极圈以内都处于极昼状态；而南半球黑夜最长，整个南极圈以内都处于极夜状态。从夏至开始，太阳在地球上的直射点从北回归线向南移动，在秋分时到达赤道，在冬至时到达南回归线。因此北半球依次经过秋季、冬季，而南半球则经历春季、夏季。可见，地球上的四季以及极昼、极夜现象主要是由于地球自转轴的倾斜和地球绕太阳的公转所决定的，参见"AR 演示：季节变化与极昼极夜"。

AR 演示：
季节变化与极昼极夜

3. 机器人是如何帮你开门的？

当你在一扇门前想拉开它时，可偏偏两只手都拿着东西空不出来，如果能召唤一个机器人来帮你打开门，是不是很酷呢？这样的场景也许很快就会出现在我们身边了。2018年初，著名机器人制造商波士顿动力公司发布了新款机器人的视频，视频里一台黄色四足机器人行进中遇到一扇门过不去，它发送信号求助另一台机器人，很快，另一台带机械臂的机器人从旁边过来，帮自己的小伙伴打开了门。视频中连贯娴熟的动作让人惊叹不已。虽然打开门对人类来说是一项简单的任务，但对机器人来说却并不容易，需要为它们设计一系列的程序和动作。不过，我们可以从最基本的运动学层面来看一下，机器人完成"开门"这个任务需要进行什么样的运动。首先，当机器人接收到指令，需要从自己所处的位置移动到门前，这相当于机器人质心的平动；其次，机器人转动身体使自己正对着门，以便探测到门把手，这个动作可以近似看作是相对质心的转动；接下来它举起机械臂，通过几个关节的协同转动夹住门把手，继而完成开门的动作，这几个动作都可以看作是机器人的身体各部位绕着各自转轴的转动。总体来看，机器人通过一连串的动作完成某个任务，按照力学中的刚体运动学原理，就是质心的平动和若干个相对质心的转动的合成。当然，在实际设计中还需要加上探测、识别、编程计算等环节，需要多方面的知识和能力。

1.3.3.3 定点进动和章动

授课录像：定点进动和章动

刚体绕空间某一点的运动称为定点运动。当刚体受到的相对定点的合外力矩等于零时，刚体保持静止或匀角速度转动状态。当刚体受到不为零的合外力矩作用时，运动状态的改变受角动量定理支配。受外力矩作用的刚体运动轨迹还与其初始状态有关。初始状态不同，即使受同样的外力矩作用，也会发生不同的现象。例如，当立于支撑物上的陀螺受到重力的力矩作用时，如果初始时陀螺是静止的，则在重力力矩作用下发生翻倒；而如果初始时陀螺绕自身对称轴高速旋转，则能保持长时间转动而不翻倒。重力力矩的作用效果是使陀螺的自身对称轴发生缓慢的旋转，参见"实物演示：陀螺仪""实物演示：车轮的进动和章动""实物演示：翻身陀螺"以及"AR 演示：陀螺的进动与章动""AR 演示：翻身陀螺"。有关刚体定点进动和章动的应用实例列举如下：

实物演示：陀螺仪　　实物演示：车轮的进动和章动　　实物演示：翻身陀螺　　AR 演示：陀螺的进动与章动　　AR 演示：翻身陀螺

1. 导航仪是如何实现导航的？

绕旋转对称轴以很大的角速度转动的物体，如果不受外力矩的作用，其角动量守恒。这时即使改变其支架的方向，物体转轴的方向仍能保持不变。利用这一现象制作的在飞机上起定向或稳定作用的装置，称为回转仪或导航仪，参见"实物演示：导航仪"。

实物演示：导航仪

2. 岁差是如何产生的？

以地球为参考系，地球的赤道平面与太阳运行轨道平面的交点称为春分点和秋分点，统称为二分点。在这两点太阳直射地球赤道，全球各地昼夜等长。古代天文学家通过细心观测，发现二分点在由东向西缓慢地漂移，这种现象在我国称为"岁差"。岁差现象说明地球的自转轴是绕着某个轴在进动的。其原因是太阳以及月亮对地球引力的合力并不通过地球的质心，从而相对地球质心产生力矩作用，由此产生进动。计算结果表明，这种进动的周期是 26000 年，参见"AR 演示：岁差"。

AR 演示：岁差

3. 如何让飞行的子弹在空中不翻转？

子弹在飞行时要受到空气阻力的作用，阻力的方向总是与子弹的速度方向相反，但不一定通过子弹的质心。阻力相对质心的力矩会使子弹在空中翻转，导致子弹的运动速度和准确性都大幅度降低。为了避免子弹在飞行过程中的翻转，人们在枪筒内壁刻出螺旋状的沟槽，称为"来复线"。这样，当子弹被推出枪筒时，在高速向前飞行的同时还绕自身对称轴快速旋转，此时子弹受到的阻力的力矩将不能使它翻转，而只是使它的旋转轴（自身对称轴）绕前进方向进动，这就避免了动能的大幅损失并且提升了准确性，请参见"AR 演示：旋转的子弹"。

4. 自行车为何快骑容易慢骑难？

骑自行车的人都有快骑容易慢骑难的体会。自行车转弯不是靠转动车把，而是靠车体向一侧倾斜而实现的，其道理同上述陀螺进动的原理相同。以自行车为参考系，自行车匀速直线行驶（惯性系）时，自行车车轮转动的角动量方向是水平的，只有车体倾斜（匀角速度转动的非惯性系）时，其受到的重力才能相对车轮与地面的接触点产生力矩，该力矩与惯性离心力的力矩之和使自行车的自转角动量在水平方向进动，达到使自行车转弯的目的。如果自行车的自转角动量较小，就会产生翻转而不是进动了。因此，才出现自行车快骑容易慢骑难的现象。除此之外，自行车被发明以来，车架前叉、把手等部件设计经过人们的反复改进，更有利于骑车人通过调整把手保持平衡。

1.3.4 流体运动规律

自然界中有形物质的存在状态可分为固态、液态、气态、等离子态。在外力和内力的作用下，固态物质的形变最小，忽略其形变时即可视为刚体，其几种简单运动形式的规律及应用实例已在前述中给出。而液体、气体、等离子体物质的压缩形变较大，各部分之间易发生相对运动，具有流动性，称为流体，显示出与刚体截然不同的物理性质。一般来说，流体不但可压缩，而且流体的流层之间有黏性作用。如果忽略流体的可压缩性，这种流体称为不可压缩的流体。如果忽略流体的可压缩性和流层之间的黏性作用，这种流体称为理想流体。

从流体的运动形态角度，流体的研究可分为流体静力学和流体动力学。流体静力学的研究最早始于古希腊的阿基米德，他在研究流体的浮力现象时，发现了浮力定律（阿基米德原理）；17 世纪的法国科学家帕斯卡在研究压力在静流体内传播问题时，发现了帕斯卡原理；18 世纪的瑞士物理学家伯努利在研究流体动力学时建立了伯努利方程。

1.3.4.1 流体静力学

流体静力学主要包括压强、浮力定律、帕斯卡原理等内容。处于流体内的物体会受到周围流体对其的作用力，物体单位面积上所受到的力定义为压强。周围流体对物体作用力的合力称为浮力。浮力的方向向上，大小等于物体排开流体的重量，称为浮力定律。作用在密闭容器中的流体上的压强会等值地传到流体各处和器壁上去，称为帕斯卡原理。各种液压（如油压或水压）机械都是根据帕斯卡原理制成的，液压机械在起重、锻压等方面有着广泛的应用。流体静力学规律的应用实例列举如下：

1. 什么是大气压？

地球表面的物体处于大气的包围中，时刻受到大气的压力。这个压力有多大呢？其定量的实验测量最早是由伽利略的助手、意大利物理学家托里拆利在1643年完成的，称为托里拆利实验。在长为1 m、一端封闭的玻璃管内装满水银，将管口堵住，然后倒插在水银槽中，放开堵住的管口，玻璃管内的水银面下降一些以后就不再下降了，这时测量玻璃管内的水银面与水银槽内水银表面的高度差为760 mm。玻璃管内水银面上方是真空，而管外水银面受到大气压力，正是大气压力支持着管内的760 mm高的水银柱，也就是说大气压强同760 mm高的水银柱产生的压强相等，即为1个标准大气压。如果将水银换成水，计算表明，1个标准大气压能够支撑约10 m高的水柱，参见"实物演示：大气压力"。在托里拆利实验完成11年之后，时任马德堡市长的德国物理学家居里克进行了著名的"马德堡半球"实验。他把两个铜制半球对接在一起，对接面黏附一层浸过油蜡的皮环，然后用自制的空气泵抽去球内的空气。尽管两个半球间没有其他机械部件相连接，但竟然需要马队才能将它们分开。这个实验演示了大气压的巨大机械力，并说明了人类可以制造真空，引发了社会公众对实验科学的兴趣与支持。

实物演示：大气压力

人们生活在如此大压力的环境中，为什么没有感受到"马德堡半球"实验所证明的巨大的空气压力呢？这是因为人体的器官与外界大气是相通的，内外压力一样，长期生活在这样的条件下，习惯了而已。长期生活在低海拔地区的人突然到高海拔的环境中，除了吸氧量缺乏，呼吸困难外，身体的内外压力的平衡也需要有个适应过程。长时间水下作业的潜水员，由于体内的压强已经与地面的压强产生了较大的偏差，因此，当潜水员返回地面时，要通过减压舱将体内的压强减少至与地面压强匹配后才能活动。否则，会造成肺气压伤、气体栓塞等伤害，严重时甚至会危及生命。

2. 潜水艇是如何升降的？

流体中物体的运动状态主要取决于物体的重力和所受的浮力。由牛顿力学定律可知，当二者相等时，物体就会保持平衡状态；当二者不相等时，物体就会向上或向下运动。广为流传的"曹冲称象"的故事就源于流体中处于平衡状态的物体重力等于浮力的原理。利用浮力的特点及帕斯卡原理还可制成"浮沉子"演示装置。取一个表面或部分表面具有弹性、可挤压的容器，盛入大半部分清水。另取一个底部密封、顶部开口的小玻璃瓶，盛入少量水并将其口朝下放入容器内，以使小玻璃瓶保持口朝下竖直漂浮在水中，且水和密封的底部之间保留有少量空气。将容器密封并挤压它，容器内的少量空气体积减小、压强增大，根据帕斯卡原理，压强向容器内各处传递，将水从小玻璃瓶下方开口挤入瓶内，使得小玻璃瓶整体（连同瓶内的水）所受的重力增加，大于浮力，小瓶就会下沉。当停止挤压时，容器恢复到原来的体积，容器内气体压强恢复到大气压，进入小瓶的水被排出，则小瓶又会上浮。这一装置称为浮沉子，是法国科学家笛卡儿最早制成的，参见"实物演示：浮沉子"。潜水艇的工作原理与浮沉子类似。在潜水艇内设有压载水舱，向压载水舱里注水，艇就变重了，直至重力大于浮力时，潜水艇逐渐下潜。用高压空气把压载水舱里的水适量排出，潜水艇的重量减轻，当重力小于浮力时，潜水艇就会逐渐上浮，直至浮出水面。

实物演示：浮沉子

3. 真空压缩袋是如何压缩衣物的？

家庭里的棉被、羽绒服等蓬松的衣物，在保存时占据了很大的空间，使用真空压缩袋，可以把蓬松的衣物压缩得很扁，大大地节省了存储空间。真空压缩袋一般由不透气的材料制成，具有一个密封性很强的拉链。蓬松的衣物中积蓄了大量的空气，这些空气和衣物外的大气具有相同的压强，因此不易流动。把衣物放入真空压缩袋，并用外力挤压，或用专门的抽气筒向外抽气。当衣物内的绝大部分空气被排到袋外后，尽快合上压缩袋的拉链，这时空气不能透过压缩袋，衣物内气压远低于外面的大气压，衣物就保持缩扁的状态，不会蓬松起来了。当需要使用衣物时，将其从压缩袋内取出，由于大气压强高于衣物内部气压，空气再次被压进去，衣物就又会蓬松起来了。

1.3.4.2 流体动力学

理想流体的定常流动遵从牛顿运动定律和质量守恒定律。由质量守恒定律又可推导出流体运动过程的连续性方程。为了描述流体的运动特征，在流体中画出代表各处流速的曲线，称流线。请参见"AR演示：流线""AR演示：流管""动画演示：连续性方程"及"实物演示：胶皮管流速"。由质点系的功能原理可以获得一条流线上各点的压强、速度和高度之间的关系方程，称为伯努利方程。在同一高度时，由伯努利方程可以推知，流体中流速大的地方压强小、流速小的地方压强大，见"实物演示：吹纸片""实物演示：气悬球""实物演示：悬浮的纸环"。连续性方程和伯努利方程是处理流体动力学问题的基本方程。

| AR演示：
流线 | AR演示：
流管 | 动画演示：
连续性方程 | 实物演示：
胶皮管流速 | 实物演示：
吹纸片 | 实物演示：
气悬球 | 实物演示：
悬浮的纸环 |

按照流动过程中黏性的强弱，可把流体分为非牛顿流体和牛顿流体。牛顿流体在流动过程中产生的层与层之间的黏性摩擦力与速度梯度呈线性关系，如水、酒精、轻质油及低速流动的气体等；非牛顿流体则会产生更强的黏性摩擦力，如石油、泥浆等。非牛顿流体具有一些奇特的性质，例如剪切增稠性，即作用在流体上的横向外力越大，它的黏稠性越大，以至于可以短暂地像固体那样支撑其上的重物。流体动力学规律的应用实例列举如下：

1. 容器中的水从底部小孔流出时为什么会形成涡旋？

如果给底部有小孔的容器注满水，再让水从小孔中流出，会发现随着水的流动，容器中小孔周围会形成一个涡旋，且涡旋中的水会越转越快。这一现象是由流体的角动量守恒定律导致的。对容器中某处的一小团水来说，由于扰动，它会具有相对小孔的角动量。按照定义，这一小团水相对小孔的角动量大小等于连接水团到小孔的线段长度乘以水团沿着垂直于这一线段方向的速度分量（称为切向速度）的大小。流出小孔之前和之后，这一小团水不受外界的力矩作用，因此它相对小孔的角动量是守恒的。当处在容器边缘的一小团水向小孔流动时，它到孔的连线长度越来越小，根据角动量守恒定律，它的切向速度就会越来越大，即绕着小孔越来越快地旋转，数量众多的小水团从远及近地流向小孔，就形成了我们所看到的涡旋了，参见"实物演示：流体涡旋"。

实物演示：
流体涡旋

有的人认为带孔容器中的涡旋现象反映了地球自转的效应，这种说法并不合理。因为地球自转引起的科里奥利力对物体速度的影响仅为其大小的万分之一数量级，只有在大尺度运动中才有明显的效应，对于普通容器中的水流，科里奥利力引起的效应微乎其微，与观察到的涡旋不相符。如果在实验中仔细选择规则的圆形容器，并确保底部小孔位于圆心，使用长时间静置的不受扰动的纯净水进行实验，则会发现涡旋现象明显减弱甚至消失。可见带孔容器中的涡旋现象是由自身扰动引起的，而非地球自转效应。

2. 吸尘器为什么能吸入物体？

吸尘器能把尘埃和轻小的杂物从它的吸入口吸入壳体，是人们清洁工作时的好帮手。吸尘器为什么能吸入物体呢？吸尘器从吸入口经连接管到集尘盒的这部分空间是密闭不透气的，集尘盒后方连接一个风机，工作时，风机叶轮在电动机带动下高速旋转，向后方快速推送空气，这样前方的集尘盒内来不及补充足够空气，内部气压低于外界大气压，于是使尘埃和轻小杂物在大气压力下通过吸入口进入集尘盒。一般把气压很低的状态称为真空状态。吸尘器在工作时其内部处于部分真空的状态，因此也称为真空吸尘器。

3. 列车站台为何要设置黄色警戒线？

在列车站台上接近轨道的一边，都有黄色的警戒线，防止站台上的人离轨道太近，这样做是为了人们的安全考虑。当列车快速前进时，由于流体的黏性，车身两侧的空气会被带动向前流动。越靠近车身空气流动越快，于是在车身侧面方向由近及远的空气流速是由大变小的。根据伯努利原理，在相同高度处，流体流速越大压强越小，也就是说，越靠近车身空气压强越小。当列车驶过站台时，如果人离轨道太近，身体靠近列车的一侧空气压强小于另一侧，由此带来的压力差会把人体推向车身方向，这是十分危险的。因此，在列车站台上要设置黄色警戒线，防止人距离列车太近，以保证人身安全。

4. 民航客机起飞时为何需要跑道？

非螺旋桨式的飞机为什么要在跑道上获得足够的速度才能起飞？这种飞机的飞行需要两种力，一是前进的力，二是克服重力的升力。发动机吸入空气、压缩空气、向后喷出气体，根据动量定理飞机即可获得向前的动力。飞机要克服重力，则是依据伯努利方程，利用特定设计的飞机机翼形状和倾角与空气产生的相互作用力而实现。当飞机前进时，在相对机翼静止的参考系里，空气形成了一种稳定的流动。由于选择了合适的机翼的设计形状，机翼上方的流线变得密集，空气流速增加，压强减小；机翼的下方的流线则变得稀疏，空气流速减少，压强增大。如此就产生了一个向上的净升力。此外，如果前进过程中使机头向上抬起，则机身相对水平方向有一定的倾角，迎向飞机的气流对机身的作用力具有向上的分量，也是提供升力的方式，参见"实物演示：飞机的升力"。

实物演示：
飞机的升力

5. 各种神奇的旋转球是如何实现的？

足球场上神奇的"香蕉球"让人赞叹不止。为什么看起来独自在空中飞行的足球会自行改变方向呢？这种现象在力学中称为"马格纳斯效应"，是指在空气或其他黏性流体中运动的旋转圆柱或圆球会受到横向力的作用，使其运动轨迹发生偏转。足球的"香蕉球"（弧线球）和乒乓球的弧圈球都是因此而形成的。马格纳斯效应可以根据流体力学的基本原理进行解释。由于空气或其他流体具有黏性，物体旋转可以带动周围流体旋转，使得物体一侧的流体速度增加，另一侧流体速度减小。根据伯努利原理，流体速度增加将导致压强减小，速度减小将导致压强增加，这样就形成旋转物体在横向的压力差，并形成横向力，见"AR 演示：马格纳斯效应""AR 演示：电梯球与落叶球"。

AR 演示：马格纳斯效应

6. 人可以在液体上行走吗？

流体在流动的过程中，如果层与层之间的黏性摩擦力满足与速度梯度呈线性关系，这种流体称为牛顿流体（如空气、水等），这一关系最早是由牛顿设计实验给出的，称为牛顿黏性定律。不同流体的内摩擦大小是不同的，参见"实物演示：液体内摩擦"。武侠小说里的人物有时候会在水面上奔跑行走，这显然是虚构的。不过，有一类流体，其层与层之间的黏性摩擦力不满足与速度梯度呈线性关系，称为非牛顿流体。非牛顿流体由于具有特殊的力学性质，真的可以让人在其表面行走而不落下去。非牛顿流体在不受力或仅受轻微触碰时，表现得像普通液体，具有流动性，可使固体浸入；但是当用力敲击或快速挤压非牛顿流体时，流体会显著地变稠变硬，以至于当人快速在上面行走时，不会落下去。

AR 演示：电梯球与落叶球

实物演示：液体内摩擦

1.3.5 振动运动规律

振动是指描述物体位置的参量（如位移、角度、电压等）在平衡位置附近，在同一路线上来回重复的周期运动，它广泛存在于机械运动、电磁学、光学、微观结构等多个领域。本节介绍机械振动的基本规律及相关应用性实例。

1.3.5.1 简谐振动

如果描述振动的物理量（如位移、角度等）随时间按余弦或正弦规律变化，则称物体做简谐振动。请参见"动画演示：弹簧振子""动画演示：简谐振动的几何表示""实物演示：弹簧振子""实物演示：简谐振动的几何表示"。

授课录像：简谐振动

动画演示：弹簧振子

动画演示：简谐振动的几何表示

实物演示：弹簧振子

实物演示：简谐振动的几何表示

当一个物体同时参与两种以上分振动时，总的振动效果是各分振动的矢量叠加。当两个分振动是方向相同、频率相同的简谐振动时，叠加振动依然是简谐振动，见"动画演示：同方向同频率简谐振动的合成"；方向相同、频率不同的简谐振动合成后会形成"拍"现象，即振幅缓慢变化的现象，参见"动画演示：拍现象"。当两个分振动是方向相互垂直、频率相同的简谐振动时，叠加振动依据两振动相位差的不同分别形成直线、圆或椭圆轨迹，参见"动画演示：垂直方向同频率简谐振动合成"；当两个分振动的方向相互垂直、频率成整数比时，叠加振动会描绘出稳定的图形，称为李萨如图，参见"动画演示：李萨如图""实物演示：李萨如图摆"。简谐振动规律的应用实例列举如下：

动画演示：同方向同频率简谐振动的合成　　动画演示：拍现象　　动画演示：垂直方向同频率简谐振动合成　　动画演示：李萨如图　　实物演示：李萨如图摆

1. 如何调整机械摆钟的走时快慢？

摆钟是利用物理学中摆的等周期的性质制造的一类计时工具。用轻绳或轻杆把一个形状不太大的重物悬挂起来，使它能够在平衡位置附近往复摆动，就制成了单摆。实验和理论都可证明，当小幅度摆动时，单摆的摆动周期与重力加速度的平方根成反比，与悬挂点到重物质心的距离（即摆长）的平方根成正比，而与摆动的幅度无关。也就是说，在确定地点具有一定摆长的单摆，其摆动周期是常量，这称为单摆的等周期性，人们正是利用了这种等周期性制造了摆钟。如果悬挂重物的杆的质量不可以忽略，或悬挂物的几何形状较大，则这样的结构不能看作单摆，而是称为复摆。计算复摆的摆动周期的方法比单摆复杂，但它仍具有等周期性。复摆的摆动周期除了与当地重力加速度有关外，还与复摆结构的质量分布有关。在生活中使用摆钟时，需要对摆钟进行校准，也就是把摆钟的摆动周期调节为准确的 1 s。对于小型的摆钟，可以看作是单摆，通过改变摆长来调节摆动周期，摆长缩短则钟变快，反之则变慢。对于较大型的摆钟，则需要按照复摆的摆动周期特征，采取改变质量分布的方法来实现对摆动周期的精确调节。例如，著名的英国"伊丽莎白塔"（旧称"大本钟"），高度达 96 m，整体重量约 13 t，在它的钟摆上一处专门位置可以放置若干枚小硬币，人们通过增减小硬币的数量来调节它的摆动周期。

2. 如何测量未知信号的频率？

实物演示：信号频率的测量

当两个相互垂直的简谐振动的频率成整数比时，所合成的轨迹是一条稳定封闭的曲线，称为李萨如图。在李萨如图上，分别在两个平行于分振动的方向各画出一条直线，两条直线与李萨如图的最大交点个数的比值与两个分振动的频率比值是相关的。利用这一特点，可以测量一个未知简谐振动信号的频率，请参见"实物演示：信号频率的测量"。

1.3.5.2 阻尼振动

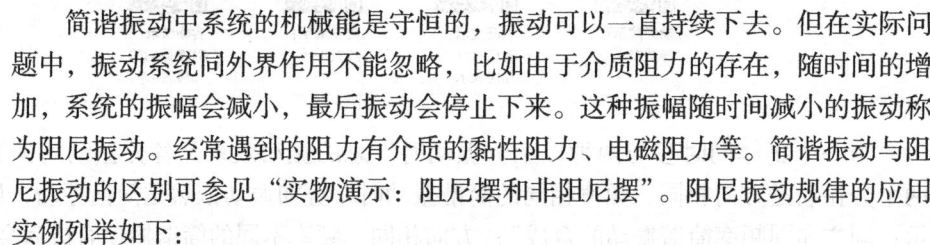

授课录像：阻尼振动

简谐振动中系统的机械能是守恒的，振动可以一直持续下去。但在实际问题中，振动系统同外界作用不能忽略，比如由于介质阻力的存在，随时间的增加，系统的振幅会减小，最后振动会停止下来。这种振幅随时间减小的振动称为阻尼振动。经常遇到的阻力有介质的黏性阻力、电磁阻力等。简谐振动与阻尼振动的区别可参见"实物演示：阻尼摆和非阻尼摆"。阻尼振动规律的应用实例列举如下：

实物演示：阻尼摆和非阻尼摆

1. 摩天大楼如何减少在强风时的摇晃？

随着经济和技术的发展，越来越多的摩天大楼在世界各地拔地而起。超高建筑的设计需要应对多种复杂的挑战，强风就是其中一项。一般来说，如果距地面 10 m 高处的风速为 5 m·s^{-1}，则在 100 m 高处的风速可达到 15 m·s^{-1}，也就是 54 km·h^{-1}。若高度达 400 m，风力将更加强大。当风速达到 30 m·s^{-1} 以上时，建筑物就会产生晃动，使人感到不适，甚至危害建筑安全。为了减少强风对建筑物的影响，人们设计了一种名为"风阻尼器"的装置，利用阻尼振动的原理，通过增大阻尼来减弱或抵消建筑物的摆动。风阻尼器主要由钢索悬吊可移动的配重物体构成，安装在建筑物一定高度位置。在阻尼器上装有传感器，可以探测风力大小和建筑物摇晃程度，并通过计算机驱动配重物体的移动，以抵消建筑物的摇晃。例如，2016年建成的上海中心大厦，建筑总高为632 m，风阻尼器安装在大楼顶部约583 m高度处，吊索长度约20 m，重量约1000 t。由于其配重的可调性，除了缓解强风的影响外，也可以降低强震对建筑物的冲击。

2. 如何使测量仪表快速回零？

依据阻尼对振动的影响大小，阻尼振动可以分为弱阻尼、临界阻尼和过阻尼三种情况。弱阻尼仍然具有周期振动的特性，但振幅逐渐减小。临界阻尼对应的情况是，系统离开最大位移处后快速回到平衡位置，而不再持续振动。过阻尼对应的情况是，系统离开最大位移处后，要经过较长时间回到平衡位置，也不再持续振动，参见"动画演示：阻尼振动"。临界阻尼在实际问题中有很多应用，如灵敏电流计、灵敏天平都是把阻尼设计成临界阻尼，以使指针很快地回复到原点或零点，以便进行下一次测量。

动画演示：
阻尼振动

1.3.5.3 受迫振动

由于实际振动中都存在能量的损耗，要使振动维持下去，外界必须对系统施加力的作用。当外力是周期性驱动力时，系统会按照外力的频率振动，称系统做受迫振动。受迫振动的振幅、相位等特征由外力和系统自身性质共同确定。其中一种比较特殊的情况是，当外力的频率与系统的固有频率相接近时，系统振动幅度达到最大，称为共振现象。共振现象广泛存在于自然界和人们的日常生活中，参见"AR演示：共振现象""实物演示：弹簧振子共振""实物演示：鱼洗""实物演示：多谐共振仪"。受迫振动规律的应用实例列举如下：

AR演示： **实物演示：** **实物演示：** **实物演示：**
共振现象 弹簧振子共振 鱼洗 多谐共振仪

1. 铜磬为何不敲自鸣？

唐朝的时候，洛阳的一个寺庙里发生了一件奇事：挂在庙里的一个铜磬（一种打击乐器），没人敲它，却常常会自己"嗡嗡"地响起来。起初，庙里的和尚以为这是鬼神在作怪。直到后来，人们才逐渐弄清了其中的缘故。原来，庙里还有一口大钟，每当小和尚去敲大钟时，这个铜磬也随之会响起来。大钟不响，铜磬的声音也就消失了。其原因是，这个寺庙里的大钟和铜磬的振动频率正好相近，敲大钟产生的振动引起空气介质同频率的振动（在空气中传播），当该振动传播到铜磬处时，驱动铜磬做受迫振动，也就引起了铜磬的共振，使得铜磬随着大钟的鸣响而自鸣。

2. 纸人为何会在琴弦上跳跃？

《梦溪笔谈》是我国北宋科学家沈括所著，其中记载了我国古代自然科学、技术、工艺的许多重要研究成就。在《梦溪笔谈》中名为"琴瑟应声"的条目中，作者写道，琴瑟的弦都有"应声"现象。把两张琴的对应各弦调准，将纸人放在其中一张琴的一根弦上，拨动另一张琴相应的弦，纸人会跃起，拨其他弦则纸人不动。这里沈括称为"应声"的现象，用物理学语言称作共振。每个物体都有它自身振动的固有频率，当物体受到外来扰动的频率与自身的固有频率一致时，物体会以显著的幅度振动起来，这就是共振现象。共振现象在各种乐器中比较常见，在其他物体中也有很多例子。例如在荡秋千的时候，如果以合适的频率推动秋千，即使每次用很小的力，也会使秋千越荡越高。除了机械振动外，电磁振荡也会发生共振现象。例如平时我们用电视机锁定某一频道，即使电视机的接收系统和该频道发射的电磁信号发生共振，从而获得清晰的电视信号的。拨打手机号码的时候，只有与号码对应的一部手机发生响应，附近的其他手机不会响应，也可以用共振的原理来解释。

3. 人为何会晕车、晕船？

1957 年，法国科学家加夫雷奥等人，根据研究核打击机器人过程中发现的次声波现象，制作了一个能发出次声波的哨子。哨子响起时，听到哨子声音的人就会感到恶心、头疼，甚至昏迷。在人们的日常生活中，有的人也会出现晕车或者晕船等身体不适的状况。这些现象的发生均是由于共振作用的结果。生理学研究表明，人体的各部分器官也有固有频率，大致为 3～17 Hz。各部分器官的固有频率不同，也会因人而异。人在坐车或船等时，当车、船等的振动频率与人体的某些器官的固有频率接近时，就会使这些器官产生共振，造成恶心、头疼等症状。

4. 桥梁为何会被大风吹垮？

1940 年，位于美国华盛顿州的普热海峡的塔科马桥建成并开始通车。但很快人们发现即使是不大的风也会导致桥面摇晃甚至扭曲变形。仅过去四个多月时间，在一阵持续大风中，桥体发生了剧烈的振动，最后因铁索断裂而坠毁。后来人们发现还有很多悬索桥也是被风吹垮的。为什么钢筋水泥建成的桥连风都不敌呢？原来这是共振的结果。悬索桥之所以会被风破坏，就是因为气流的作用频率刚好接近桥的固有频率，最终导致了共振的发生。共振广泛存在于自然界和人们的日常生活中。如，部队士兵过桥，整齐的步伐会使桥的振动幅度加大，严重时可以毁坏桥梁。因此，无论是部队士兵过桥还是桥梁设计，都要设法避免引起系统共振。

1.3.6 波动运动规律

振动的传播即是波动。波动是自然界中广泛存在的一种运动形式，它包括机械波和电磁波两种类型。机械波是机械振动在弹性介质中的传播，电磁波是电场和磁场交替耦合在空间的传播，电磁波既可以在介质中传播，也可在真空中传播。本节介绍波动规律及相关应用实例。

1.3.6.1 波的传播

按照振动方向与传播方向的关系，可将波动分为横波和纵波。振动方向与传播方向相互垂直的波称为横波，参见"实物演示：横波"。振动的方向与传播的方向相同的波称为纵波，见"实物演示：软弹簧纵波"。声波是一种典型

授课录像：
波的传播

的机械纵波，可在气体、液体及固体中传播。利用声电转化技术，可以形象地展现声波的振动状态，见"实物演示：声波波形""实物演示：变音编钟"。

单频率波在介质中的传播速度称为相速度。当介质中有多个频率相近的平面简谐波存在时，介质中会形成波包状的波形，波包的传播速度称为群速度，参见"AR演示：相速度与群速度"。波的传播规律的应用实例列举如下：

1. 什么是超声速飞机？

在波传播的一些特殊情形中，波源在介质中的运动速度大于波在介质中的传播速度，即波源在波前的前面，这种形式的波动称为 bow shock（有多种译法，如击波、艏波、头波、舷波等），其波面的包络面成圆锥状，称为马赫锥，参见"AR演示：超波速运动"。日常生活中 bow shock 的例子很多，例如，人在地面上看到超声速飞机（在空气中的飞行速度超过声音传播速度的飞机）掠过空中后片刻，才听到飞机发动机发出的声音；子弹掠空而过发出的呼啸声；水上的快艇掠过水面后留下的尾迹等。超波速运动有时会产生强烈的压缩气流，锥面处介质的物理性质，例如压强、温度、密度等发生跃变，造成强烈的破坏作用，这种波称为冲击波。

2. 听诊器为何更能听清人的心跳？

听诊器是医生最常用的诊断工具，主要用于收集并放大患者心跳、呼吸或其他器官振动发出的声音，并传导至医生的耳内。听诊器的发明和改进离不开人们对声音特性的认识。声音本质上是物体振动的传播，声振动在空气中传播时会由于发散、被空气吸收等原因而发生损耗，因此一般情况下我们听不到他人的心跳或体内其他器官的振动所发出的声音。然而声振动在金属中却几乎不发生损耗。当声振动在一段密闭的管道内传播时，损耗较小，并且不易受外界噪音干扰。利用声音的这些性质，人们用金属材料制成听诊器的听筒，与患者需要检查的部位相接触，就收集到了器官振动的声音，再通过密闭的空心软管将声振动传递至医生的耳塞，这样，医生就能够清晰地听到患者的心跳、呼吸或其他器官振动发出的声音了。有的听诊器听筒上还会覆盖一层薄膜，它的作用是过滤掉低频的振动，而使高频振动的声音更容易被听清。最早的听诊器是在 1817 年由法国一位叫雷奈克的医生发明的。在此之前，医生们往往要将耳朵贴在患者身上进行听诊，既不方便也不清晰。随着技术的进步，现在电子听诊器、可视听诊器等新型智能产品的出现，使医生的诊断更加方便准确。

1.3.6.2 波的反射与合成

在介质中沿同一波线相反方向传播的两列同频率的波合成为驻波，见"动画演示：一维驻波""AR演示：二维驻波""实物演示：圆环驻波""实物演示：悬线驻波"。在具有边界的介质系统中，如果驻波是由一个前进的波和它在介质边界反射回来的波所合成的，则能够形成稳定驻波的频率受到边界的限制。

能够通过反射产生驻波的那些频率称为系统的简正频率，请参见"动画演示：简正频率"。当外界的激发频率与系统简正频率相等时，会引起介质较大幅度振动，这种现象称为共振，与受迫振动的共振具有相同的物理意义。无限大介质的简正频率可以认为是连续的、无限多的。波在空间某一点处的叠加参见"实物演示：水波的干涉与衍射"。波的反射与合成规律的应用实例列举如下：

动画演示：一维驻波　　AR演示：二维驻波　　实物演示：圆环驻波　　实物演示：悬线驻波　　动画演示：简正频率　　实物演示：水波的干涉与衍射

1. 黑夜中的蝙蝠为何不会迷失方向？

蝙蝠的视力远不如人的视力，但它却能够在黑夜中敏捷地绕开障碍物自由地飞行。这是因为蝙蝠有一套精准的"回声定位"系统。蝙蝠的喉咙能够产生特殊的超声波，并通过口腔向外发射，超声波遇到障碍被反射回来，再被蝙蝠的耳朵接收。蝙蝠根据接收到的声波判断前方是否存在障碍物体或可食用昆虫等，以决定是绕行还是捕食，十分精准。人们根据蝙蝠的回声定位原理发明了雷达。

2. 如何实现悦耳动听的音乐？

物体的振动在弹性介质中的传播称声波。声波引起人的听觉器官振动，产生信号反馈到大脑，使人听到声音。有的声音让人感到愉悦动听，称为乐音；而另一些声音则可能让人很不舒服，称为噪音。乐音和噪音的区别是什么呢？人的听觉主要分辨声音的三种性质，即音量、音高和音色。音量对应声波的强度；音高对应声波的基本频率，即由发声体整体振动形成的频率最低、振幅最强的部分的频率；音色则对应由发声体其余部分振动形成的多个声音的组合，这些声音的频率都高于基本频率，且振幅各不相同，因此发声体的音色千差万别。有些发声体的振动是有规律的、音量适中的、并有准确的音高，它的音色就会使人感到愉悦动听，我们称它为乐音。反之，振动无规律、没有准确音高的声音，或音量过大的声音，都会让人感到不适，我们称它为噪音。悦耳动听的音乐就是由乐音所组成的。

3. 什么是B超？

人耳能听到的声波频率范围为 20 ～ 20 000 Hz。低于这个范围的波称为次声波，高于这个范围的波称为超声波。超声波具有频率低、波长短的特点，可以在人体内传播，遇到不同组织界面会发生反射，B超检测的原理正是基于超声波的这些特点。利用超声探头向人体发射一组超声波，同时用探头内的接收器接收回声信号，器官的位置与性质会使信号出现不同的延时与强弱的变化，这些信息通过计算机处理成图像，就生成了我们所看到的B超图像。

1.3.6.3 多普勒效应

当发声体或发光体与观察者相对运动时，发声体的声音或发光体的颜色会发生变化，这一理论是奥地利物理学家多普勒于1842年首次提出的，称为多普勒效应。1845年，巴洛特在荷兰进行实验，证实了多普勒效应的存在，参

授课录像：多普勒效应

见"AR 演示：多普勒效应"。多普勒效应的应用实例列举如下：

1. 火车的声音为何是呼啸而来、低沉而去？

AR 演示：
多普勒效应

在平静的水面投下一枚石子，水面上会出现一圈圈的波纹，这是扰动在水中从中心向四周传播的现象，水波看起来是间隔均匀的同心圆圈。水面上游动的禽鸟也会激起类似的水波，仔细观察会发现，在游动的禽鸟前方水波很密集，后方的水波则要稀疏得多。这种现象称为波的多普勒效应，是指当波源在运动时，观察到的波的频率发生变化的现象。不仅水波，声波、光波都会有多普勒效应。当我们在火车站台上，一列火车进站时，我们听到火车汽笛的声音高亢尖锐，而当这列火车出站离去时，同样的汽笛听起来却低沉了许多，这就是声波的多普勒效应。

2. 什么是彩超？

由于多普勒效应把物体的运动速度和频率联系起来，因此，人们可利用这一特点检测物体的运动速度。其检测的原理是，发射特定频率的声、光、电等信号去照射运动的物体，检测返回的信号频率，与发射的信号频率比对，就能够判断物体的运动速度。医学上常用的彩超技术就利用了这一原理。在彩超检查时，由超声探头所发出的超声波遇到流动的血液被反射，由于多普勒效应，回波频率会发生改变，经计算机处理将频率改变的大小以不同颜色标志出来，就能判断待检测部位血流的快慢。

3. 驾驶员高速行驶时会把红灯看成绿灯吗？

多普勒效应是指当波源和观察者间有相对运动时，观察者接收到的波的频率会发生改变的现象。当波源与观察者相互接近时频率增大，相互远离时频率减小。机械波和光波都会发生多普勒效应。对于光波来说，当观察者朝向光波运动时，接收到的光波频率会升高。可能有人会问：红光的波长比绿光的长，也即红光的频率小于绿光。是否会发生这样的情形，当驾驶员驾驶汽车高速行驶时，由于多普勒效应，把前方的红色信号灯看成绿灯呢？事实上这是不可能的。理论计算可知，若要产生把红光看成绿光的多普勒效应，观察者向着光源的运动速度需要达到 6×10^4 km·s^{-1} 的数量级，这是光速的五分之一。这种速度早已不再适合汽车在普通公路上运动了。

参 考 文 献

[1] 张汉壮，王文全. 力学. 3 版. 北京：高等教育出版社，2015.

[2] 费恩曼，莱顿，桑兹. 费恩曼物理学讲义：第 1 卷. 郑永令，华宏鸣，吴子仪，等译. 上海：上海科学技术出版社，2005.

[3] 哈依金. 力学的物理基础：上下册. 应质先，张先畴，译. 北京：高等教育出版社，1982.

[4] 朗道，栗弗席兹. 力学. 5 版. 李俊峰，译. 北京：高等教育出版社，2007.

[5] 基特尔，奈特，鲁德尔曼. 伯克利物理学教程：第Ⅰ卷　力学. 北京：科学出版社，1979.

[6] 哈里德，瑞斯尼克. 物理学基础：中册. 郑永令，译. 北京：高等教育出版社，1985.

[7] 蔡伯濂. 力学. 长沙：湖南教育出版社，1985.

[8] 漆安慎，杜婵英. 力学. 2 版. 北京：高等教育出版社，2005.

[9] 郑永令，贾起民，方小敏. 力学. 2 版. 北京：高等教育出版社，2002.

[10] 赵凯华，罗蔚茵. 新概念物理教程：力学. 2 版. 北京：高等教育出版社，2004.

［11］舒幼生. 力学. 北京：北京大学出版社，2006.
［12］杨维纮. 力学与理论力学：上册. 北京：科学出版社，2008.
［13］钟锡华，周岳明. 力学. 北京：北京大学出版社，2000.
［14］戚伯云，杨维纮. 力学. 2版. 北京：科学出版社，2008.
［15］梁昆淼. 力学. 4版. 北京：高等教育出版社，2010.
［16］卢民强，许丽敏. 力学. 北京：高等教育出版社，2002.
［17］史可信. 力学. 2版. 北京：科学出版社，2008.
［18］陈锺贤，霍雷. 力学. 北京：机械工业出版社，2007.
［19］卢德馨. 大学物理学. 2版，北京：高等教育出版社，1998.
［20］张三慧. 大学物理学：力学. 2版. 北京：清华大学出版社，2003.
［21］梁邵容，刘昌年，盛正华. 普通物理学：力学. 3版. 北京：高等教育出版社，2005.
［22］周衍柏. 理论力学教程. 3版. 北京：高等教育出版社，2009.
［23］梁昆淼. 力学：上册. 4版. 北京：高等教育出版社，2010.
［24］梁昆淼. 力学：下册 理论力学. 4版. 北京：高等教育出版社，2009.
［25］金尚年，马永利. 理论力学. 2版. 北京：高等教育出版社，2002.
［26］陈世民. 理论力学简明教程. 2版. 北京：高等教育出版社，2008.
［27］李德明，陈昌民. 经典力学. 4版. 北京：高等教育出版社，2006.
［28］GOLDSTEIN. Classical Mechanics. 3rd ed. 北京：高等教育出版社，2005.
［29］芹敢，向守平. 力学与理论力学：下册. 北京：科学出版社，2008.
［30］牛顿. 自然哲学之数学原理. 王克迪，译. 北京：北京大学出版社，2013.
［31］梅森. 自然科学史. 周煦良，等译. 上海：上海译文出版社，1980.
［32］霍布森. 物理学的概念与文化素养. 4版. 秦克诚，等译. 北京：高等教育出版社，2011.
［33］金晓峰. 诗情画意的物理学. 文汇报，2015-10-30.
［34］秦克诚. 方寸格致：邮票上的物理学史增订版. 北京：高等教育出版社，2013.
［35］郭奕玲，沈慧君. 物理学史. 2版. 北京：清华大学出版社，2005.
［36］赵峥. 物理学与人类文明十六讲. 北京：高等教育出版社，2008.
［37］倪光炯，王炎森，钱景华，等. 改变世界的物理学. 3版. 上海：复旦大学出版社，2009.
［38］施大宁. 文化物理. 北京：高等教育出版社，2011.
［39］宣焕灿. 天文学史. 北京：高等教育出版社，1992.
［40］科瓦雷. 伽利略研究. 刘胜利，译. 北京：北京大学出版社，2008.
［41］科瓦雷. 牛顿研究. 张卜天，译. 北京：北京大学出版社，2003.
［42］普朗特. 流体力学概论. 郭永怀，等译. 北京：科学出版社，1966.
［43］吴文俊. 世界著名科学家传记：数学家三. 北京：科学出版社，1992.
［44］KAUFFMAN. Gustav Magnus and his green salt. Platinum Metals Rev.，1976，20（1）：21-24.
［45］加油 向未来：上、下册. 北京：高等教育出版社，2016.

第二章
世界冷暖的奥妙

> 在日常生活中人们会发现，高温物体的热量可以自动传给低温物体，而低温物体的热量却不能自动传给高温物体，这是热学规律的体现，也就是图 2.1 中"物理学基本知识领域山"中的热运动规律。

本章概述图 2.1 所示的热运动规律的逻辑关系、发展历程以及实用性，以 AR 演示与实物演示等方式展现相关的基本规律及其应用实例。

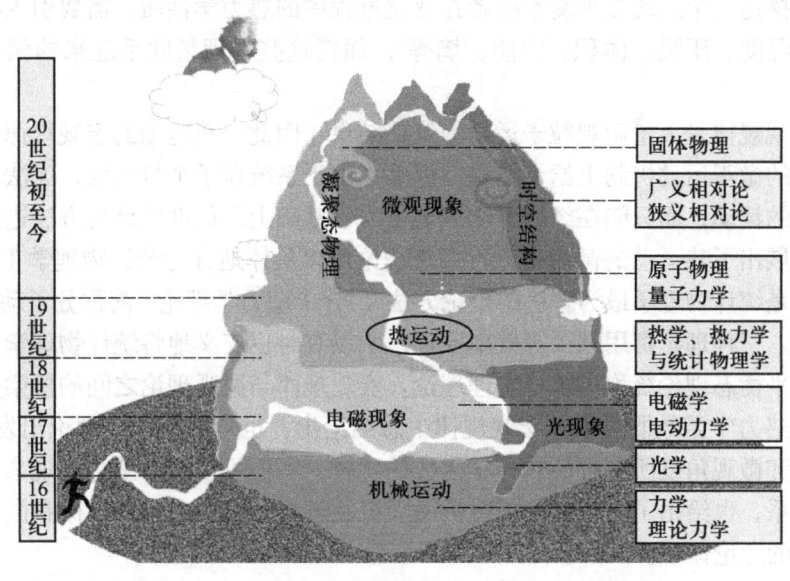

图 2.1

§2.1　热运动基本规律的逻辑性概述

授课录像：
热运动基本规律的逻辑性概述

热学研究的是大量微观粒子组成系统的宏观运动，形成了宏观规律与微观理论，对应的课程体系分别为热学、热力学与统计物理学。微观理论对宏观规律提供了理论支撑，其知识体系之间的基本逻辑关系如图 2.2 所示。

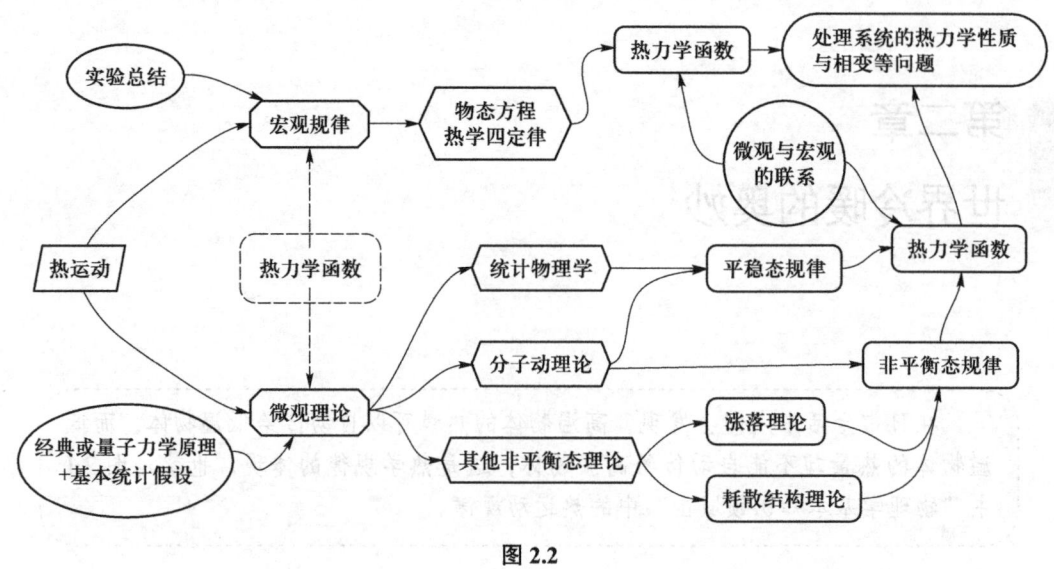

图 2.2

宏观规律是基于实验总结而成的，主要包括热力学第零、第一、第二、第三定律，分别描述了热平衡的性质、机械能与热能之间的转化、热运动趋势、最低温度极限等方面的规律。为了描述一个系统在平衡态或者在变化过程中的热力学性质，需要引入各种宏观的物理量（如温度、压强、体积、内能、熵等），而将这些物理量联系起来的函数称为热力学函数。

由于宏观规律是大量微观粒子运动的统计结果，因此，热运动的宏观规律完全有可能从单个粒子的微观运动机制上给予解释。但是，由于系统粒子个数庞大，无法用简单的方程描述系统的运动，而只能在经典力学或量子力学基础上，借助统计的方法进行分析，以此为基础发展出了热运动的微观理论。微观理论可以具体地分为统计物理学（其中吉布斯的系综理论是统计物理学最为普适的理论方法）、分子动力学理论（简称分子动理论）及非平衡态理论。三种理论都用到了等概率原理，所以有时也广义地将统计物理学、分子动力学理论及非平衡态理论统称为统计物理理论。宏观规律与微观理论之间的桥梁是系统的热力学函数。热力学函数既可以从宏观规律中总结给出，也可以从微观理论出发推导得出。通过对宏观和微观角度所获得的热力学函数的比较，不但可以给出某些宏观参量与微观参量之间的联系，也给出了宏观物理规律的微观机制解释。所以，宏观规律和微观理论构成了热学完备的理论体系。

较为详细的热运动规律的逻辑关系参见《物理学导论》（第三版）（张汉壮，倪牟翠，王磊. 物理学导论. 3 版. 北京：高等教育出版社，2019.）。

§2.2 热运动基本规律的发展历程概述

授课录像：
热学领域科
学家导图

热运动理论体系是 18 至 20 世纪初建立的。从历史发展的角度看，热运动规律形成的顺序是先宏观热力学规律，后微观理论。热力学宏观规律形成的顺序依次是热力学第二定律、热力学第一定律、热力学第三定律、热力学第零定律。微观理论形成的顺序依次是分子动理论、统计物理学（包括玻耳兹曼经典统计理论，吉布斯系综理论，玻色、费米量子统计理论）、非平衡态理论。在热运动的研究领域做出重要贡献的科学家的出生年代顺序、人物之间的关系及贡献如图 2.3 所示。热运动规律的重要历史发展阶段如表 2.1 所示。在热运动研究领域做出重要贡献的科学家信息一览表见附录 2。

表 2.1　热运动规律的重要历史发展阶段

分类	年代	分段历史	重要科学家
宏观规律	1662—1939 年	宏观热力学规律	玻意耳、马略特、查理、盖吕萨克、范德瓦耳斯、卡诺、开尔文、迈耶、亥姆霍兹、焦耳、能斯特、福勒
微观理论	1857—1872 年	分子动理论	克劳修斯、麦克斯韦、玻耳兹曼
	1872—1877 年	玻耳兹曼经典统计理论	玻耳兹曼、洛施密特
	1902 年	吉布斯系综理论	吉布斯
	1923—1926 年	玻色、费米量子统计理论	玻色、爱因斯坦、费米、狄拉克
	1905 年以后	非平衡态理论	布朗、爱因斯坦、朗之万、斯莫卢霍夫斯基、佩兰

针对图 2.2 及表 2.1 的发展历程概述如下：

2.2.1　宏观规律

热运动规律的探索是从宏观热现象的研究开始。对于"热"的本质的问题，17 世纪以前，人们从各种热现象的观测中，提出了热是一种物质，即"热质说"理论。但是热质说无法解释摩擦生热这一热现象。17 世纪之后，人们逐渐认识到热是物质内部大量微观粒子运动的宏观体现，这种观点即为分子动理论，目前已成为科学的理论学说。18 世纪中叶以前，人们对热现象的研究还只是停留在对实验规律的总结方面，并没有形成系统的理论。在此之后，随着计温学和量热学的发展，才使热现象的研究走向了科学轨道，逐渐形成了如今的热力学宏观规律和微观理论体系。

授课录像：
宏观热力学规律发展简史

针对理想气体的实验规律研究，英国化学家玻意耳和法国物理学家马略特分别于 1662 年和 1676 年各自独立地发现了等温气体的压强体积反比定律，称为玻意耳-马略特定律。由于没有建立一个合适的温标，直至 100 多年后才由两个法国人发现另外两个气体状态定律，即 1787 年查理发现的等容气体压强与温度正比定律（查理定律），1802 年盖吕萨克发现的等压气体体积与温度正比定律（盖吕萨克定律）。为了更精确地描述实际气体，人们提出了多种方程。最典型的方程之一是 1873 年荷兰科学家范德瓦耳斯提出的方程，称为范德瓦耳斯方程，简称范氏方程。

第二章 世界冷暖的奥妙

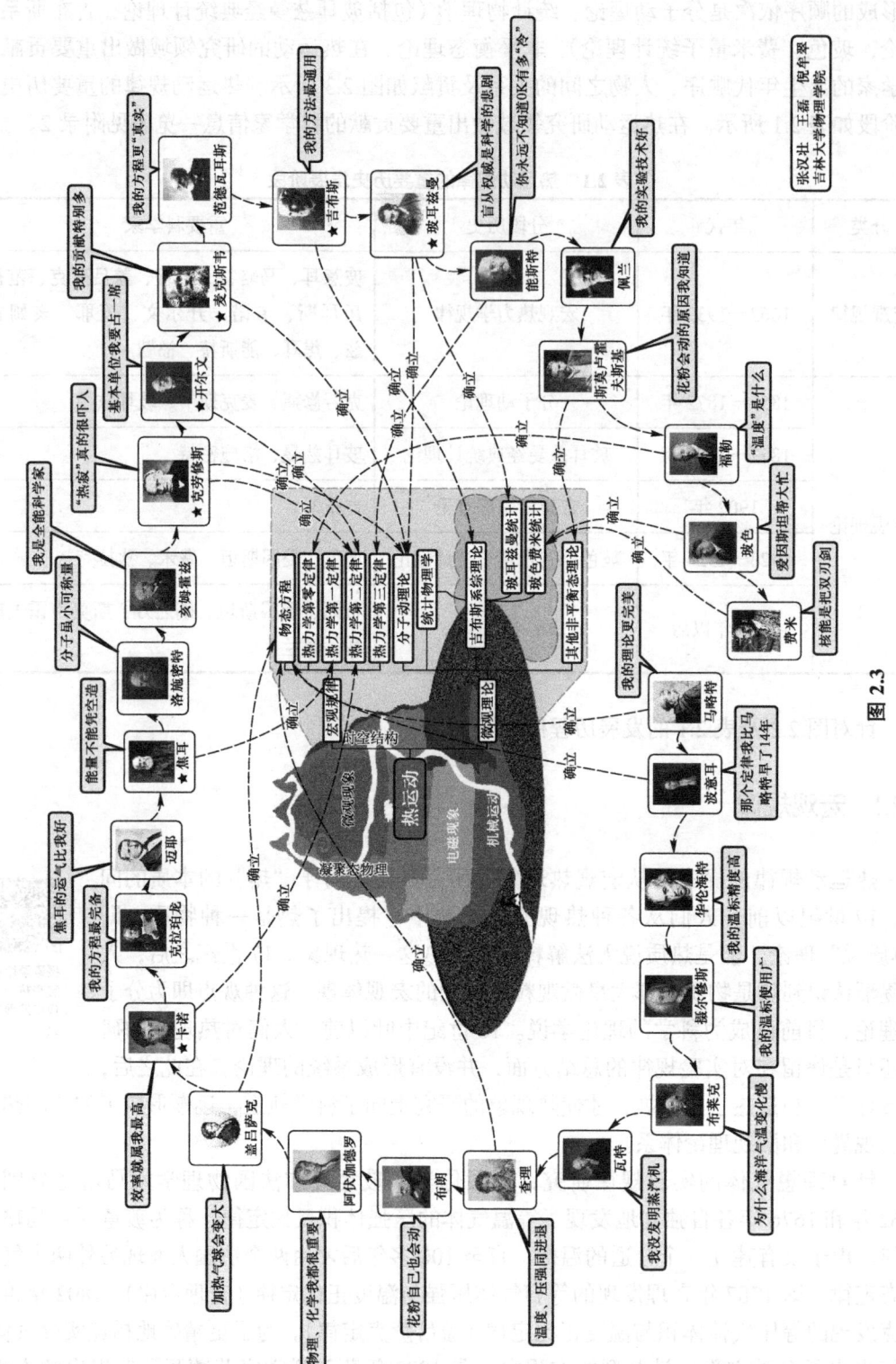

图 2.3

热力学第二、第一定律的建立源于蒸汽机的发明。随着18世纪蒸汽机的发展，人们迫切需要研究热和功的关系，以提高热机效率，适应生产力发展的需要。1824年，法国物理学家卡诺针对热机效率的研究，提出了著名的卡诺定理，这是热力学第二定律的雏形。但由于卡诺是基于热质说给出的论证，违反当时已健全的能量守恒思想，其工作很快就被人遗忘了。直至热力学第一定律（能量守恒定律）建立之后的1850年，德国物理学家克劳修斯以热力学第一定律为出发点，为了在理论上证明和保留卡诺定理的结论，增加了"热不可能从低温物体传到高温物体，而不引起其他变化"这样一个热的普遍特性的表述，即为热力学第二定律的克劳修斯表述。基于同样的思想，1851年，英国物理学家开尔文给出了"不可能把从高温热源吸取的热量全部变成功，而不产生其他的影响"的另外一种热的普遍特性的表述，称为热力学第二定律的开尔文表述。随后，开尔文指出，有关热力学第二定律的两种表述是等价的。

热力学第一定律是关于机械能、热能以及系统内能之间的能量守恒与转化的规律。在这一规律的建立过程中，德国科学家迈耶和亥姆霍兹，以及英国科学家焦耳做出了杰出的贡献。尤其是焦耳，从1840年到1878年用了近40年时间，采用不同的方法做了四百余次实验，测量了热功当量的数据，为热力学第一定律的建立提供了坚实的实验基础。

低温物理学和化学平衡常量的确定为热力学第三定律的建立提供了基础，德国科学家能斯特分别在1906年和1912年给出了热力学第三定律的两种不同表述。热力学第零定律是由英国物理学家福勒于1939年正式提出，比热力学第一、第二定律的建立晚了近百年，但因较其他定律更为基本，因此被命名为热力学第零定律。

2.2.2 微观理论

上述有关热现象的宏观规律仅是从实验的角度获得的。如何理解这些规律本质？19世纪中叶，科学家们开始研究与热现象有关的微观机制。先后建立了分子动理论、统计物理学及非平衡态理论。

2.2.2.1 分子动理论

克劳修斯在研究热力学第二定律的同时，也从微观上对分子动理论进行了探讨。1857年他以分子对器壁的碰撞说明了气体压强的形成，推导出气体压强与分子平均平动动能的关系公式，联合气体物态方程给出了分子平均平动动能与温度的关系，以此给出了对温度的微观认识。1859年，英国物理学家麦克斯韦基于分子在各方向速度的独立性和分子的速度在空间方向上的均匀性假设，推导出了自由空间的平衡态气体分子速率分布规律，即麦克斯韦速率分布律。1920年，德国科学家施特恩对该分布律进行了首次实验验证。麦克斯韦还重新提出了由英国物理学家瓦特斯顿于1845年的论文中提到的能量按自由度均分的思想，认为分子的每个自由度具有相同的平均能量，即能量均分定理。1868年，奥地利物理学家玻耳兹曼将麦克斯韦速率分布律推广至受保守力作用的系统平衡态中，得出了粒子数随能量的分布，即玻耳兹曼速率分布律。玻耳兹曼还将能量均分定理准确地表述为动能按自由度均分定理，并用统计力学的方法给出了证明。此后，玻耳兹曼认为麦克斯韦速率分布律没有足够的理论保证。为此，玻耳兹曼基于分子碰撞过程中能量、动量守恒的经典力学原理，和大量分子

授课录像：
分子动理论
发展简史

数的统计平均假设，进一步研究了大量气体分子所组成系统的状态随时间演化的一般规律，于 1872 年导出了分布函数随时间的演化方程，即玻耳兹曼方程。玻耳兹曼由此发现，麦克斯韦速率分布律所描述的平衡态是一种最概然、最稳定的状态。对于非平衡状态，玻耳兹曼提出了著名的 H 定理，与克劳修斯的熵增加原理是一致的，给宏观的热力学第二定律以微观解释。至此，克劳修斯、麦克斯韦和玻耳兹曼等人建立了分子动理论的主要内容。

2.2.2.2 统计物理学

授课录像：统计物理学发展简史

针对玻耳兹曼的 H 定理，英国开尔文和奥地利洛施密特分别在 1874 年和 1876 年先后提出了"可逆性佯谬"问题，即微观粒子所遵从的经典力学方程是可逆的，而大量分子所组成系统的宏观过程规律是不可逆的，玻耳兹曼基于经典力学原理，针对大量微观粒子组成体系的研究结果是否正确？玻耳兹曼就此进一步研究统计问题。他在经典力学原理的基础上，加上统计概率原理假设，于 1877 年发表了用以处理近独立粒子经典体系平衡态问题的统计研究成果，并提出了熵与概率的关系。玻耳兹曼也就此回答了"可逆性佯谬"问题，即分子动理论虽然引进了统计方法，但未将统计观点作为理解热力学现象的新的基础，从而造成统计随机性与经典力学决定性之间的矛盾。进一步讲，宏观系统的不可逆性不是由运动方程和分子间的相互作用力形式引起的，而是由统计概率性而引起的，或者说，宏观自发过程的可逆过程并不是没有，而是由概率原理导致这种可逆过程发生的概率非常小，以至于实际中观察不到。1900 年，普朗克引进玻耳兹曼常量，明确写出玻耳兹曼熵与微观状态数的关系式，揭示了热力学第二定律的统计本质，这个公式被视为玻耳兹曼统计力学的标志。

玻耳兹曼是原子论的坚决支持者，他的研究结果受到当时在学术界享有威望的马赫、奥斯特瓦尔德等为代表的持唯能论观点学者的长期批评。所以，玻耳兹曼生前的研究工作没有得到认可和支持。直至他去世两年之后的 1908 年，法国物理学家佩兰通过布朗运动的实验结果证实了原子的存在，原子论得到普遍承认后，人们才逐渐接受了玻耳兹曼的研究成果。后人在玻耳兹曼的墓碑上刻上了熵与微观状态数的关系式，以纪念玻耳兹曼为统计物理学所做出的杰出贡献。

美国物理化学家吉布斯在麦克斯韦、玻耳兹曼等人工作基础之上，使用温度、内能、熵等状态函数为坐标，发展了热力学系统的图示法。在热力学系统中考虑了化学、引力、应力、表面张力、电磁场等因素，扩展了热力学的范围。1902 年他发表了《统计力学的基本原理》巨作，创立了统计系综理论，建立了平衡态的经典统计力学方法。吉布斯的系综理论，不但可以处理前述的玻耳兹曼统计理论，以及后来发展的玻色、费米的量子统计理论所能解决的近独立粒子体系的平衡态问题，而且可以处理非独立粒子体系的经典和量子统计问题。因此，吉布斯的系综理论是更普遍化的统计理论。

在玻耳兹曼统计、吉布斯系综理论基础之上，玻色、爱因斯坦、费米等人基于微观粒子的全同粒子假设，逐步建立了玻色、费米等量子统计理论，用以处理近独立粒子量子体系的平衡态问题。至此，统计物理学的基础理论得以建立。

2.2.2.3 非平衡态理论

授课录像：非平衡态理论发展简史

涨落的准热力学理论是由波兰物理学家斯莫卢霍夫斯基提出，后经爱因斯坦补充完善的一种处理近平衡态涨落的方法。1827 年，英国植物学家布朗在显微镜下观察到悬浮在液体中花粉在不停地做无规则运动,称为布朗运动。科学界经过 70 余年的努力,形成了郎之万方程和爱因斯坦–斯莫卢霍夫斯基理论等涨落理论体系,使布朗运动现象得以解释。目前,包括耗散结构理论在内的处理远离平衡态问题的其他微观理论仍在不断地完善和发展中。

热力学与统计物理学作为物理学的一个重要分支,被广泛应用在生物学、化学甚至社会学等各领域。

§2.3 热学相关基本规律与人类生活

本节以表 2.2 所示的规律与应用实例为问题导向,以 AR 演示、实物演示的方法介绍热学相关基本规律及其典型应用案例。

表 2.2 热学相关基本规律及其应用实例

规律分类		应用实例	演示资源
2.3.1 宏观规律	2.3.1.1 物态方程	1. 打气筒为什么可以充气? 2. 如何拔火罐? 3. 打开装热水的瓶子的瓶盖为何很费力? 4. 杯子可以自动吸水吗? 5. 瓶子吞鸡蛋是魔术吗?	打气筒工作原理(AR) 吸水的杯子(实物) 瓶子吞鸡蛋(实物)
	2.3.1.2 热力学第零定律	如何进行冷热程度的度量?	系统的热平衡性质(AR)
	2.3.1.3 热力学第三定律	自然界的温度量级如何?	地球表面的温度(AR)
	2.3.1.4 热力学第一定律	1. 保温瓶为何可以保温? 2. 冬天刮风时人为何感觉格外寒冷? 3. 车胎为何在夏季容易爆胎? 4. 高温桑拿的水蒸气会伤人吗? 5. 如何逃离火场? 6. 钻木为何可以取火? 7. 流星为何会发光?	烧不破的气球(实物)
	2.3.1.5 热力学第二定律	1. 如何将热能转化为机械能? 2. "永动鸟"为何可以永动? 3. 冰箱、空调等是如何制冷的? 4. 喷壶为何可以降温?	热机工作原理(AR) 蒸汽机(实物) 可视化斯特林热机(实物) 热磁轮(实物) 叶片热机(实物) 半导体堆热机(实物) 永动鸟(实物) 制冷机工作原理(AR)

规律分类		应用实例	演示资源
2.3.2 微观理论	2.3.2.1 平衡态气体分子动理论	1. 大气层有多高？ 2. 有热缩冷胀现象吗？	空间概率分布（实物） 速率分布（实物）
	2.3.2.2 输运过程气体分子动理论	1. 气味是什么？ 2. 热气球、孔明灯的原理是什么？ 3. 超纯水为什么不宜饮用？ 4. 云阶以及松花蛋的花纹是如何形成的？ 5. 温室气体效应对人类的生活有何影响？	溶液中的扩散（实物） 空气黏性（实物）
2.3.3 典型热力学问题	2.3.3.1 物态	1. 为什么叶片上的晨露、玻璃上的水银呈球形而不摊开？ 2. 毛笔吸墨、蜡烛燃烧、植物吸收水分、土地保墒的原理是什么？	表面张力（实物） 毛笔吸墨（实物） 绽开的纸花（实物）
	2.3.2.2 相变	1. 空气湿度是如何定义的？ 2. 人工降雨、过冷水的原理是什么？ 3. 为什么会有结雾、结霜的现象发生？ 4. 为什么常常有"下雪不冷化雪冷"的感觉？ 5. 樟脑为何会不翼而飞？ 6. 电子烟的原理是什么？ 7. 高山上为什么不易煮熟食物？ 8. 什么是过热水？ 9. 油锅着火为什么不能用水浇？	投影式相临界点状态（实物） 过冷水（实物） 超声雾化（实物）

2.3.1 宏观规律

热学的宏观规律是基于实验总结而成的，主要包括热力学第零、第一、第二、第三定律。物态方程是热力学函数的一种。本节分别介绍这些相关规律的基本原理及其应用实例。

2.3.1.1 物态方程

授课录像：
物态方程

为了描述系统在平衡态或者在变化过程中的热力学性质，需要引入各种宏观的物理学量。这些物理学量间可能不是全部独立的，而是存在一定的函数关系，这些函数关系称为热力学函数。一个平衡系统的压强、温度、体积等之间所满足的热力学函数方程称为物态方程。将其应用到气体系统，称为气体物态方程。与气体物态方程相关的应用实例列举如下：

1. 打气筒为什么可以充气？

打气筒的上方和下方都装有单向活塞。打气筒在上提的过程中，气室体积增大。在温度不变的条件下，由气体物态方程可知气室的压强变小；当压强小于大气压时，打气筒上方的单向活塞由于压强差被推开，气体从上方进入气室。同理，打气筒下压过程中，气室内气体体积减小，压强增大；当压强大于大气压强时，上方活塞关闭。继续下压打气筒，气室内压强继续增大；当压强大于充气物体压强时，打气筒下方单向活塞打开，气体由气室进入充气物体，实现充气过程。参见"AR 演示：打气筒工作原理"。

AR 演示：
打气筒工作原理

2. 如何拔火罐？

人们日常生活中进行的拔火罐操作也是利用了气体物态方程的规律。拔火罐一般采用开口处光滑规整的玻璃罐或陶瓷罐，通过放入点燃的棉球或其他方式对罐内气体进行加热，气体受热膨胀溢出罐外。迅速将热的罐口朝下压紧在人体某处皮肤上，由于皮肤的弹性，罐口被密封住不再透气。随着罐内气体温度的降低，罐内气压减小，直至小于外部的大气压。罐内外的压力差使得罐子吸附在人体上，起到中医理论里治疗的目的。

3. 打开装热水的瓶子的瓶盖为何很费力？

装有一部分热水的有盖水瓶，盖紧并放置一段时间后，盖子会很难打开。当水瓶装水未满时，在水面上方存在一定体积的空气。盖紧水瓶后，瓶内水及气体逐渐冷却，但气体体积几乎不变，属于等体降温过程，因而瓶内气压降低，低于外界大气压。此时想要打开瓶盖，需要克服内外气体的压力差，因此就会感觉很费力。

4. 杯子可以自动吸水吗？

在容器中盛一半水，将一只空杯子口朝下放入容器，使杯口浸入水中，水会被"吸"入杯子吗？通常是不会的。设法将一支点燃的短蜡烛固定在水面上，将杯子倒扣在蜡烛上，并使杯口仍浸入水中，你会发现水真的会被"吸"入杯中。这是因为燃烧的蜡烛上方空气受热膨胀，密度降低。当杯子倒扣在水面上时，杯中封闭了一定质量的高温、低密度空气。随着蜡烛缺氧熄灭，杯中的空气温度降低，压强随之降低，于是容器中的水在外界大气压的作用下进入杯中，参见"实物演示：吸水的杯子"。

实物演示：
吸水的杯子

5. 瓶子吞鸡蛋是魔术吗？

将一只煮熟并剥去外壳的鸡蛋放在一个直立的开口玻璃瓶上，如果瓶口略小于鸡蛋的最大横截面，则鸡蛋不会自动落入瓶中。将一小块点燃的棉球放入瓶中，并很快将鸡蛋放到瓶口上，会看到随着棉球火焰熄灭，鸡蛋被"吞"入瓶中。这一现象可以用气体物态方程的规律来解释。点燃的棉球使瓶内气体受热膨胀，密度降低。当鸡蛋放到瓶口上时，由于熟鸡蛋表面的弹性，瓶内气体可看作是密闭的。随着棉球火焰熄灭，瓶内气体温度降低，压强随之降低，于是在外界大气压作用下鸡蛋进入瓶中，参见"实物演示：瓶子吞鸡蛋"。

实物演示：
瓶子吞鸡蛋

授课录像：
热力学第零定律

2.3.1.2 热力学第零定律

热力学第零定律是指，若两个热力学系统均与第三个系统处于热平衡状态，则两个系统必然也处于热平衡状态。根据这一定律，我们可以定义系统处于热平衡时的基本热力学概念——温度。宏观来说，温度是表示物体冷热程度的物理量。温度相同的物体，彼此间已经达到了热平衡，参见"AR 演示：系统的热平衡性质"。热力学第零定律的应用实例见下：

AR 演示：
系统的热平衡性质

如何进行物体冷热程度的度量？

最早人们靠触摸来感受物体的冷热程度，这种办法并不是很可靠。例如，用手分别触摸温度相同的木棒和铁棒，会感觉铁棒比木棒凉，这是由于二者的热传导速度不同。热力学第零定律的建立使准确描述物体冷热程度有了依据，即温度。度量温度的装置称温度计。温度计是利用测温物质的某种参量随温度变化的性质，通过测量相关参量来表示温度的。例如最常见的水银温度计，就是利用封闭在细玻璃管内的水银柱长度随温度变化的性质，通过水银柱长度来表示温度的量值。根据不同的测量要求，常见温度计有气体温度计、水银温度计、电阻温度计、蒸汽压温度计、电容温度计、热电偶温度计、光学高温计等。

2.3.1.3 热力学第三定律

授课录像：
热力学第三定律

热力学第三定律的含义是，不能通过有限的步骤使物体降温至绝对零度，亦即绝对零度不能达到原理。从微观的角度来说，绝对零度是组成物质的微观粒子完全处于静止不动的状态。热力学第三定律的应用实例见下：

自然界的温度量级如何？

自然界存在的最低温度是 1 K，或 –272 ℃，一般是在星际空间的深处。实验室目前可达到的最低温度是皮开量级，目前主要是通过磁光俘获加蒸发冷却的方式实现。自然界最高的温度是宇宙大爆炸时的温度，一般认为可达 10^{32} K。氢弹爆炸时的温度约 3.5×10^8 K，原子弹爆炸时的温度约 10^7 K。太阳表面温度约 5 500 ℃；白炽灯正常工作时温度约 2 200 ℃；汽车发动机工作时内部最高温度约 1 700 ℃；地球表面最高气温是 58.5 ℃，是在伊拉克的巴士拉地区观测到的，观测记录到的最低气温是 –94.5 ℃，出现于 1967 年挪威的极点附近；人类的体温在 36 ～ 37.2 ℃。

2.3.1.4 热力学第一定律

授课录像：
热力学第一定律

在平衡状态下，热力学系统内所有分子的热运动动能和相互作用势能的总和称为系统的内能。对于理想气体系统，内能由系统的温度决定。当系统经历热力学变化过程时，内能的增量等于外界对系统传热与做功的代数和，这一规律称热力学第一定律。热力学第一定律是更加普遍的能量守恒定律在热力学过程中的体现形式。能量是物质的基本属性之一，以多种不同的形式存在，可以分为机械能、热能、电能、辐射能、核能、化学能等。这些不同形式的能量之间可以通过物理或化学过程相互转化，但是总能量不会增加或减少，这一规律被称为能量守恒定律，它是自然界的普遍规律。

根据热力学第一定律可知，通过做功或传热两种方式都能够改变系统的内能。如果外界对系统做功使系统的内能改变、同时系统向外放热，这一过程简单地称为"功变热"过程；反之，如果系统从外界吸热使内能改变，并对外做功，则简称为"热变功"过程。热力学第一定律的应用实例列举如下：

1. 保温瓶为何可以保温？

现代的保温瓶是英国物理学家杜瓦于 1892 年发明的，他制作了一个双层玻璃容器，在容器的内壁镀上银，然后将两壁之间的空气抽掉，从而形成一个真空层。由于两层玻璃之间没有空气，就不会有对流发生，无法带走热量，而玻璃的热容较大，散热不多，镀银表面又可以减少向外的热辐射，从而有效地减少了容器内部的热量流失。

2. 冬天刮风时人为何感觉格外寒冷？

冬天即使气温不是很低，刮风时仍使人感觉格外寒冷。从物理学的角度，人们对冷热的感觉就是人体内能（温度）变化的体现。这种变化受很多因素影响，如人体的健康状况、表层皮肤神经细胞的状态、环境因素等。而刮风就属于环境因素的影响，风速，即空气流动速度会影响单位时间内接触人体皮肤的空气分子数，单位时间内接触的空气分子数增加，则人体皮肤交换的热量也会增加。如果空气的温度低于人体温度，就会使人更快地散失热量，使人体内能减少，温度降低，从而使人感觉到寒冷。夏天的风使人感觉凉爽亦是相同的道理。

3. 车胎为何在夏季容易爆胎？

爆胎是指汽车轮胎在极短的时间内发生破裂的现象。除了轮胎老化、被锐利的硬物扎破等原因外，轮胎气压过高是引起爆胎的一个重要原因。因汽车高速行驶时，轮胎和地面发生摩擦，将机械能转化为热能，导致轮胎表面及内部空气的温度升高，气压也随之变高，轮胎变形，胎体弹性降低，如果再遇到冲击就很容易发生爆胎事故。夏季气温高，轮胎产生的热量更不易散发，因此夏季发生爆胎的现象更加常见。

4. 高温桑拿的水蒸气会伤人吗？

桑拿又称芬兰浴，指在封闭的环境中利用水蒸气对人体进行理疗。常规桑拿的温度一般为60 ℃左右，而在一些非常规环境中，如世界桑拿锦标赛，温度可高达110 ℃。我们知道当50 ℃以上的热水直接接触皮肤时，常人就无法忍受了，而60 ℃的以上的水会使人烫伤。为什么桑拿不会烫伤人呢？这是因为水的密度较大，而水蒸气的密度很小，在相同的温度下，水蒸气中接触人体的水分子数目比热水少得多，虽然单个分子运动程度更加剧烈，但是总体传导的热量很少，不足以烫伤皮肤。可以注意在桑拿浴室中，加入越多的水蒸气会让人越难以忍受，也是这个原因。

5. 如何逃离火场？

火灾安全教育告诉我们，如果身处浓烟滚滚的火灾现场，要尽量找水浸湿衣服或被子盖在身上，再设法逃离火场。在火场中移动时，要避免接触门把手、栏杆等金属物体。这么做的原因是水的比热容较大，吸收热量升温较慢，而且蒸发时也会带走一部分热量，这就使人体可以维持较低的温度，从而减小火灾对人体的伤害。另外，金属物体比热容较小，在着火环境中会迅速升温，皮肤如果接触此类金属物体，难免会被烫伤，其原理参见"实物演示：烧不破的气球"。

实物演示：烧不破的气球

6. 钻木为何可以取火？

当人们感觉寒冷时，往往会合拢自己的双手搓一搓。这么做是使两手互相摩擦做功，所做的功使手的内能增加，进而使手的温度升高。当做功使温度升高到物质的燃点时，就可能会起火，这就是古时候钻木取火的道理。

7. 流星为何会发光？

我们在天空中经常看到的流星，是宇宙中的小块固体及尘埃粒子在地球大气层中燃烧发光的现象。太阳系中除了已知的大行星及卫星外，还存在众多的小块固体、尘埃及彗星碎块等物质。这些物质在运行过程中如果接近地球，就会受到地球引力作用，有可能进入大气层。进入大气层的物质在高速运动中与大气发生摩擦，产生的热量使固体和尘埃发生燃烧，发出我们看到的流星的光迹。而没有燃烧尽的大块固体物质就会落到地面上，形成陨石。由于月球周围没有空气包裹，所以无论是大块还是小块的物质，在落向月球的过程中都不会有摩擦、生热、发光等现象发生，而都形成了陨石，导致月球的表面呈现出大大小小的坑洼。

2.3.1.5 热力学第二定律

热力学第二定律有两种等价的表述：一种是开尔文表述，即不可能从单一热源吸取热量，使其完全变成有用的功而不产生其他影响；另一种是克劳修斯表述，即不可能使热量自动从低温物体传到高温物体，而不产生其他影响。热力学第二定律的微观理论机制是，一切与热现象有关的实际宏观过程，都是不可逆的。热力学第二定律的应用实例列举如下：

1. 如何将热能转化为机械能？

热机是将热能转化为机械能的机器。热机的工作物质在循环过程中从高温热源吸热、向低温热源放热，并对外做功，参见"AR演示：热机工作原理"。热力学第二定律表明，从高温热源吸收的热量并不能全部转化为机械能，而是必须有一部分以热量的形式释放给低温热源。热机在一次循环过程中能够输出的机械能与它从高温热源吸收的热量之比定义为热机的效率。因此，如何高效地利用各种有限的能源，实现最大效率的热机就成了需要解决的问题。人类对新式热机的探索从未停止。历史上出现了一系列的热机模型，如蒸汽机、内燃机、外燃机及喷气发动机等。一些有趣的热机参见"蒸汽机""可视化斯特林热机""热磁轮""叶片热机""半导体堆热机"的实物演示。

AR演示：热机工作原理　　实物演示：蒸汽机　　实物演示：可视化斯特林热机　　实物演示：热磁轮　　实物演示：叶片热机　　实物演示：半导体堆热机

2. "永动鸟"为何可以永动？

永动鸟是一种看起来不需要补充动力就能一直摆动的趣味玩具。它是中国古代工匠智慧的结晶。永动鸟曾被当作礼物送给爱因斯坦，被其惊呼为"永动机"。但仔细分析发现，永动鸟玩具并不是永动机，它的运动原理是符合热力学第一、第二定律的。永动鸟玩具由鸟头、鸟身和鸟尾三部分组成，是一个内部环境密闭的系统。其中鸟头和鸟身分别由相连的玻璃泡和玻璃管组成。玻璃管另一端开口，有一段伸入作为鸟尾的玻璃泡内，但保持开口与玻璃泡底部有一定距离，再将鸟身和鸟尾连接处密封住。鸟尾内装有一部分乙醚液体。由于乙醚在常温常压下很易挥发，因此鸟尾内液面上方及鸟身、鸟头内充满相应的乙醚蒸气。在鸟头外部黏接长长的鸟喙，并包裹一层吸水性较好的材料。整个装置通过支点支撑在底座上，并可绕支点前后摆动。在底座前方放一只盛有凉水的水杯，使鸟俯身时鸟喙恰好能浸入水中，水沿吸水性材料浸湿鸟头。当鸟身直立时，由于鸟头所浸的水向周围环境蒸发而带走热量，导致鸟头部分的温度低于乙醚蒸气的温度。因此，乙醚蒸气会向鸟头释放热量，导致乙醚蒸气温度降低。温度的降低使乙醚饱和蒸气压降低，一部分乙醚蒸气被液化，亦即，玻璃管内乙醚蒸气的分子数减少。由气体物态方程可知，玻璃管内乙醚蒸气的温度降低，以及分子数的减少，二者的综合作用使得永动鸟装置内部产生了压力差，导致鸟尾的乙醚液体沿着玻璃管上升，小鸟的重心也随之逐渐上升。当重心超过支点时，小鸟在重力矩的作用下向前倾倒，鸟喙浸入水杯。随着鸟身的前倾，玻璃管下端的开口脱离乙醚液体，鸟尾的气体沿开口上升，与鸟头气体混合，同时玻璃管内的乙醚液体在重力作用下返回鸟尾。于是小鸟的重心很快降低，导致其快速绕支点摆回直立状态，并继续前后摆动。在此过程中，乙醚液体从周围环境吸热，再次蒸发至原来的初始状态。以后重复如上过程，循环往复就形成了鸟的永动现象。从如上的分析可以看出，永动鸟玩具相当于一个热机系统。循环介质是乙醚液体与蒸气，高温热源是周围环境，低温热源是浸湿鸟头的凉水。循环介质从高温热源吸热，向低温热源放热，伴随着来回翻转的做功过程。因此，永动鸟现象是符合热力学第一和第二定律的，参见"实物演示：永动鸟"。由于热机的效率取决于高温热源和低温热源的温度差，为了获得较好的永动效果，应尽可能将永动鸟装置放在较高的温度环境中，水杯中尽可能用温度较低的冷水。

实物演示：永动鸟

3. 冰箱、空调等是如何制冷的？

家用电冰箱和空调是利用工作物质的气液转变温度随压强变化的特性实现制冷功能的。以冰箱为例，冰箱中的工作物质又称制冷剂，在常压下沸点低于零度，而在高压状态下沸点随压强升高。冰箱工作时，压缩机将处于气态的制冷剂压缩为高温高压气体，送入布置在冰箱外壁或背面的散热管，因为此时制冷剂的压强高，沸点温度高于散热管温度或环境温度，所以制冷剂被冷凝为液态，释放出热量，这就是冰箱工作时外壁及背面会发热的原因。液态制冷剂继续被压缩进入冰箱内的毛细管，经节流后进入布置在冰箱内壁的蒸发器管道，由于体积迅速膨胀，使压强急剧降低，导致制冷剂的沸点温度迅速降低至内部温度。制冷剂在蒸发器内汽化，汽化过程会吸收蒸发器周围的热量，使冰箱内部温度降低。吸热后的气态制冷剂在压缩机的作用下进入下一轮循环过程。参见"AR 演示：制冷机工作原理"。

AR 演示：制冷机工作原理

比较上述的热机和制冷机的工作原理可以看出，热机的循环过程是循环介质从高温热源吸热，向低温热源放热，伴随着做功的过程；而制冷机的循环过程则是一个逆过程，即通过外界对循环介质做功，使循环介质从低温热源吸热，向高温热源放热的过程。从能量的角度看，热机循环过程是将热能转化为机械能，而制冷机循环过程则将机械能转化为热能。

4. 喷壶为何可以降温？

理发或者浇花用的喷壶，大多带有一个可按压的手柄，及含有很多小孔的喷嘴。按压手柄时，带有气雾的水滴就会从喷嘴喷出。如果向喷壶中倒入热水，向外喷洒，可能会发现喷出的水是凉的。这是为什么呢？由于喷壶的设计，从喷嘴被压出的水中混有大量气体，喷出的过程很快，可近似认为气体经历的是绝热膨胀、对外做功的过程，根据热力学第一定律，喷出后系统的内能降低，所以变凉了。这个实验支持的理论是早期获得低温的基础。

2.3.2 微观理论

上述的宏观规律仅是从实验的角度获得的。如何理解这些规律的本质？19 世纪中叶，科学家们开始研究与热现象有关的微观机制，先后建立了分子动理论、统计物理学及非平衡态理论。下面介绍分子动理论的部分基本规律及相关的应用实例。

2.3.2.1 平衡态气体分子动理论

授课录像：
平衡态气体
分子动理论

组成物质的原子或分子等粒子的热运动，以及粒子之间的相互作用力决定了物质的宏观形状。当粒子之间距离小且有较大相互作用时就组成了固体；粒子之间距离较大且相互作用较小时就组成了液体；粒子之间距离更大且相互作用可以忽略时就组成了气体。粒子的无规则运动以及它们之间的相互作用力属性是经过理论证明与实验检验的。

实物演示：
空间概率分布

实物演示：
速率分布

平衡态下气体分子的运动速率不是单一的，而是遵从一定的统计分布。无势能场下的气体分子速率分布规律称麦克斯韦速率分布律。分子速率随势能场的分布规律称玻耳兹曼速率分布律，参见"空间概率分布""速率分布"的实物演示。在容器内的气体分子运动过程中，分子与器壁的碰撞满足力学的动量守恒定律，由此可以导出大量分子作用在容器壁单位面积上的平均作用力，即为气体的压强。因此，从微观的角度看，气体压强是大量微观粒子与容器壁相互作用的宏观统计量。进一步还可推知，气体的温度与分子热运动的平均平动动能成正比，在微观上反映了系统内分子运动的剧烈程度，温度越高，分子的无规则运动也就越剧烈。平衡态气体分子动理论的应用实例列举如下：

1. 大气层有多高？

大气层是指受地球引力而围绕在地球周围的空气圈。整个大气层随高度不同表现出不同的特点，分为对流层、平流层、臭氧层、中间层、热层和散逸层，再上面就是星际空间。大气层最底下的一层叫对流层，主要的天气现象如云、雨、雪、冰雹等都发生在这一层里。在对流层的上面是平流层，距地表大约 10 km 到 50 km，气流主要表现为水平方向的流动，水汽的含量非常少，很少发生天气变化，适于飞机航行。在平流层内距地表约 20 km 到 30 km 处，氧分子在紫外线作用下形成臭氧层，有利于保护其下方生物免受太阳紫外线及高能粒子的照射。从平流层以上到距地表约 80 km 称为中间层，这一层内温度随高度增加降低得很明显。距地表 80 km 到约 500 km 是热层，这一层内温度很高，昼夜变化很大。热层以上是散逸层，这里的温度极高，可达数千摄氏度，大气已极其稀薄。散逸层和宇宙空间并没有明显的边界，那么有没有办法计算大气层的高度呢？其实可以通过玻耳兹曼统计方法进行计算。如果假设大气层空气分子仅受重力场的作用，根据玻耳兹曼速率分布律，可以计算出大气密度随着高度的变化的公式，当密度趋于某一极小值的时候，认为此时的高度为大气层的边界，理论计算的结果为 1000 km，与实际观测结果基本吻合。

2. 有热缩冷胀现象吗？

对于分子间有相互作用的系统，当分子热运动效果大于分子间相互作用效果时，会出现热胀冷缩现象，反之会出现热缩冷胀现象。夏天电线的松弛，冬天铁轨或墙壁出现裂缝都是热胀冷缩现象的体现；而 0 ℃到 4 ℃的水，以及金属锑等则是热缩冷胀的系统。由于这个特点，人们在喝 0 ℃到 4 ℃的凉水，以及超过人体胃部温度（40 ℃左右）以上的热水时，人的胃部是收缩的，而喝其他温度的水时，人的胃部是膨胀的。在制作铅字的时候掺杂一些金属锑，利用其热缩冷胀特点，可使制作的铅字更牢固，棱角更分明。

2.3.2.2 输运过程气体分子动理论

对于一个热力学系统，外界的扰动会使原有的平衡态变成非平衡态。系统从非平衡态再到平衡态的过程称为输运过程。输运过程中会有扩散、黏性、热传导等现象发生。扩散是非均匀系统的物质分子从高浓度区域向低浓度区域转移，直到均匀分布的现象，见"实物演示：溶液中的扩散"。流体在有相对运动时都要产生内摩擦力，称为流体的黏性，请参见"实物演示：空气黏性"。热传导现象是由于系统中温度分布不均匀而引起的能量传递现象。

对于一个与外界没有能量交换的孤立气体分子系统，从微观角度，输运过程是微观粒子在空间的有序分布到无序分布的过程。而对于一个与外界有能量交换的系统，输运过程有时会出现从无序分布到有序分布的过程，这种过程又称为自组织现象。输运过程气体分子动理论的应用实例列举如下：

1. 气味是什么？

物质的宏观状态变化取决于粒子的热运动和粒子之间的相互作用力。对于分子间没有相互作用的系统，分子无规则运动会导致物质迁移。我们平时说的飘香四溢，闻到的香水味道，是因为香水是由易挥发（液体成分在没有达到沸点的情况下成为气体分子逸出液面）物质组成，其内部的分子通过挥发作用脱离香水主体，扩散到空气中，向四面八方无规则运动，如果到达人的鼻腔，就会被人的嗅觉细胞所感知，从而使人感受到香味。

2. 热气球、孔明灯的原理是什么？

热气球是加热空气获得升力的一种飞行器。热气球主要包含一个巨大的、底部开口的气囊和位于开口下方的吊篮。在开口处用热源加热空气，使气囊内的空气受热膨胀，一部分空气从开口处逸出，导致气囊内部气体密度低于外部大气密度，当气球整体受到的重力低于浮力时，热气球就可以升空了。现代运动热气球通常由尼龙织物制成，开口处用耐火材料制成，可用于航空、体育、摄影、旅游等。孔明灯的升空原理和热气球类似，相传是由我国三国时期的诸葛亮所发明，用轻质材料制成灯笼，在里面放置点燃的松脂等燃料以加热空气，放飞后可随风向远处飘浮。

3. 超纯水为什么不宜饮用？

现代生活中，人们对饮用水安全越来越注意，能过滤自来水的饮水机走进了千家万户，但水真的越纯净越好吗？在纳米材料的制备工程中往往会用到一种超纯水，这种水是应用蒸馏、去离子化、反渗透技术生产出来的，除了水分子外，几乎没有其他物质，这种水似乎是最干净的水，但却是不适合饮用的，因为水中没有任何离子，饮用后会在人体的细胞内外形成很高的浓度差，由于扩散作用，会使细胞内的离子大量析出，对身体有害，而且水分子会迅速被细胞吸收，使细胞有被涨破的风险。

4. 云阶以及松花蛋的花纹是如何形成的？

空气中水分子在温度较低时会形成小的液体粒子。阳光照射到这些粒子，经过散射、透射、折射等后会形成天空中人们所能看到的云彩。对于天空中的某个云彩，有时候是近独立系统，而有时候不是近独立系统，粒子和外界会有能量交换，存在非线性动力学过程。因此，这个系统中的大量液体粒子有时会出现从无序分布到有序分布的非常态过程，形成美丽的云阶现象。岩石中的花纹以及松花蛋中的花纹的形成亦是相同的道理。松花蛋制作过程是将碱性物质涂抹在鸭蛋表面，一段时间后，氢氧根离子（OH^-）经蛋壳上的小孔进入鸭蛋内部，和蛋白中的氨基酸及矿物质产生反应，生成氨基酸盐，如果能形成有序结晶析出，就形成了漂亮的"松花"。

5. 温室气体效应对人类的生活有何影响？

地球大气层最上层的温度是 $-20\ ℃$，地表平均温度是 $15\ ℃$，是什么因素维持着这 $35\ ℃$ 的大气层温差？大气成分中所包含的分子和所占的比例大约是：氮气占 78%，氧气占 21%，稀有气体占 0.94%，二氧化碳占 0.03%，水蒸气和杂质占 0.03%。大气中的二氧化碳和水蒸气分子吸收地球辐射的红外线后，将再次发射红外线，其中约一半的红外线散离大气层，而另一半会再次返回地球，从而减少了地球散失的热量。这样一个过程循环往复，就维持了大气层的温差。可以设想，当二氧化碳排放量过大之后，返回地球表面的红外线增加，热能积累过多就会导致温度上升，由此会导致全球变暖、冰川消融、海水上涨等一系列的后果，称为温室气体效应。因此，为了保护人类家园的环境，要减少二氧化碳气体的排放量。

2.3.3 典型热力学问题

上述的宏观规律与微观理论构成了热力学现象的理论基础，以此可以处理与热现象有关的实际问题。本节介绍物态与相变两个实际的热力学问题，给出相关的应用实例。

2.3.3.1 物态

授课录像：
物态

由于组成物质的原子或分子之间的相互作用力大小的不同，物质会出现固体、液体、气体等不同的形态，称为物态。例如，粒子之间距离较小且有较大相互作用力就形成固体；粒子之间距离较大且相互作用较小则形成液体；粒子之间距离更大且相互作用可以忽略的情况，就成为气体。物态的应用实例列举如下：

1. 为什么叶片上的晨露、玻璃上的水银呈球形而不摊开？

实物演示：
表面张力

在不考虑重力的影响时，液体内部某点受周围环境的作用是对称的，而液体表面某点受周围环境的作用是非对称的，液体内部粒子间相互作用的内力以排斥力为主，而液体表面粒子受到的内力是吸引力，其宏观表现为张力，参见"实物演示：表面张力"。正是这种张力的作用，使得液体表面有自动收缩趋势。清晨树叶上的晨露呈球形而不摊开，水银在玻璃表面的滚动等现象，都是因为表面张力的作用。

2. 毛笔吸墨、蜡烛燃烧、植物吸收水分、土地保墒的原理是什么？

对于固体、液体共存的体系，在固体和液体的交界面处，由于液体表面张力作用，液面是呈弯曲状的。这种弯曲导致液体表面内外产生附加的压强差，这个压强差会使得液体沿着固体表面上升（如水）或下降（如水银），这一现象称为毛细现象。毛笔笔尖在墨汁中停留片刻，墨汁就会自动吸到毛笔中；蜡烛燃烧是靠熔化了的石蜡沿烛芯上升，在烛芯上燃烧；植物从土壤里面吸收土壤中的水分等，这些现象的发生都是靠毛细现象的作用实现的。有时我们需要破坏毛细现象的发生，例如，庄稼收割完之后，土壤中的水分还会通过毛细现象蒸发，使土地变干枯。在这种情况下，我们就要通过松土把毛细管破坏掉，使水分保留在土壤里面，由此就起到了土地保墒的作用。请参见"毛笔吸墨""绽开的纸花"的实物演示。

2.3.3.2 相变

实物演示：
毛笔吸墨

物质系统中物理、化学性质完全相同且与其他部分有明显界面的均匀部分称为相。例如从物态角度而言，物质有固相、液相和气相。物质从一种相转变为另一种相的过程称相变。以物态之间的相变为例，从固态到液态的相变又称熔化，相反的过程称凝固；由固态直接到气态的转变称升华，反之称凝华；由液态到气态的相变过程称汽化，包括蒸发和沸腾两种过程，而从气态到液态的相变称为凝结。临界现象是指物质处在两相转变的临界状态时表现出的特殊物理性质和现象。例如乙醚的液态和气态在临界点附近密度趋于相同，两相的界限消失。关于液气两相转化的现象见"实物演示：投影式相临界点状态"。相变的应用实例列举如下：

实物演示：
绽开的纸花

1. 空气湿度是如何定义的？

空气湿度是表示空气中水蒸气含量和湿润程度的气象名词。常用绝对湿度或相对湿度来表示。绝对湿度是一定温度下，1 m³的空气中含有的水蒸气的质量。绝对湿度的最大限度是饱和状态下的湿度。饱和状态是指当水和含水蒸气的空气共存时，单位时间从水面蒸发进入空气的水分子数等于从空气凝结回到水中的水分子数。空气的相对湿度是指空气中实际绝对湿度与当时气温下的饱和湿度之比，用百分数表示，饱和状态的相对湿度即100%。可想而知，夏天晾的衣服比冬天干得快，就是由于夏天的空气湿度小，蒸发过程比凝结过程快。

授课录像：
相变

实物演示：
投影式相临界点状态

2. 人工降雨、过冷水的原理是什么？

水蒸气在空气中的凝结，首先需要有凝结核的存在。其进一步的凝结规律是，小的凝结核需要的饱和蒸气压比大的凝结核所需要的大。夏天的时候，黑云压顶，但不下雨。说明液体的水滴重力小于空气的浮力，使其在空中飘浮着。在外部压力一定的条件下，为了进一步增加水滴的凝结过程，要设法增大水滴的凝结核，人工降雨就是利用这一原理，设法增大空气中的凝结核，以达到促进水蒸气凝结的作用。

有时人们为了喝到比较凉爽的水，会把纯净水放入冰箱的冷冻室，过一段时间后取出，会发现水还未结冰，但是轻轻一摇晃，水瞬间就变成了冰块。这是什么原因呢？

对于大多数物质，宏观上存在气体、液体、固体三种物态，构成三种物态的分子或原子并无不同。微观上来说，气体分子之间距离很大，分子之间作用力非常小，很容易被压缩；液体分子间距离较大，分子间作用力较大，可压缩性较小；固体分子间距很小，相互作用力很大，压缩非常困难。一般来说通过加压或者降温的方式，可以减小分子之间的距离，从而实现气体→液体→固体的转化。液体转化为固体除了需要合适的温度和压强外，还需要晶核的参与。研究表明只有晶核达到一定的尺寸才会自发生长变大从而使液体凝固，水中的杂质有利于晶核的形成，而对于纯净水来说，由于晶核形成比较困难，即使温度已经低于液-固相变点，仍有可能保持液体形态，这是一种非稳定的状态，此时如果摇晃液体就可能导致晶核出现，从而使液体瞬间凝固，请参见"实物演示：过冷水"。

实物演示：
过冷水

3. 为什么会有结雾、结霜现象的现象发生？

一般来说，当过多的水蒸气遇到 0 ℃以上的物体时会结雾，遇到 0 ℃以下的物体则会结霜。结雾或结霜程度的大小取决于空气的湿度。例如雨天的结雾程度会较大。温度降低，凝结过程增大；温度升高，汽化过程增大，是分子聚集和扩散的一般性规律。换言之，气体分子向温度低的地方凝结，向温度高的地方扩散。据此可推知，无论天气多寒冷，只要物体在同一个环境下，空气中水蒸气分子的凝结和汽化过程是相等的，所以一般不会出现结雾或结霜现象。当局部物体的温度与周围环境温度有差别时，就会出现结雾或结霜现象。结雾或结霜的现象又包含快速和渐变两种情况。

快速结雾的情况：戴眼镜的人从冬天的室外进入到室内，眼镜的温度低于室内温度，即刻就会在眼镜上出现结雾或结霜的现象；夏季空调车车窗外侧的温度低于室外温度，所以玻璃外侧结雾；冬天轿车内开热风，车窗内测玻璃温度低于车内温度，所以玻璃内侧结雾。

渐变结雾或结霜的情况：窗户玻璃内侧温度低于室内温度，所以玻璃内侧逐渐结雾或结霜；春秋季早晨室外花草的露水、冬天的雾凇、冬天夜里车窗外侧的结霜等，原理是原来黏附在物体的液体水分子随着温度的减低，凝结过程大于汽化过程，而最终凝结成雾或霜。随着物体周围环境温度的升高，原来结在物体上的霜或雾的水分子的汽化过程逐渐大于凝结过程，从而会自动解除结雾或结霜状态。例如，随着环境的温度升高，眼镜回复正常，雾凇消失等。

4. 为什么常常有"下雪不冷化雪冷"的感觉？

俗语说"下雪不冷，化雪冷"。下雪的时候，人不会感到温度有太大变化，而冰雪消融的时候往往比刚刚下雪的时候更冷。这是因为下雪时，空气中的水蒸气凝结成雪花，物质由液态转为固态，会放出热量，所以"下雪不冷"。而当冰雪融化时，物质由固态变为液态，会吸收空气中的热量，气温也会因此降低。

5. 樟脑为何会不翼而飞？

固体的樟脑可以起到驱逐蚊虫的作用。在衣柜中放置的樟脑，时间久了会不见踪迹，其原因是樟脑发生了升华，即由固态直接转化了气态，扩散到空气中。

6. 电子烟的原理是什么？

加湿器是一种可以增加房间空气湿度的家用电器，目前使用最广泛的加湿器就是超声波加湿器。这种加湿器的核心元件是一块压电陶瓷，在外部电路驱动下，压电陶瓷在固有共振频率下工作，通过高频振动将水打散成微小液滴，从而实现雾化的目的，见"实物演示：超声雾化"。电子烟通过一种低压的微电子雾化设备，将烟管内的液态尼古丁转变成雾态，从而让使用者产生一种类似吸烟的感觉，实现"吞云吐雾"。可以根据个人喜好，向烟管内添加巧克力、薄荷等各种味道的香料。电子烟和传统香烟相比的最大区别是，电子烟没有燃烧过程，没有焦油、重金属等有毒物质。电子烟的雾化元件一般是一加热元件，与加湿器的超声雾化过程不同，超声雾化仅是将液体打散，并未实现液态向气态的转化，而电子烟使液体吸收热量变为蒸气，然后蒸气在室温下冷却变成雾态，经过了液气相变的过程。

实物演示：
超声雾化

7. 高山上为什么不易煮熟食物？

沸腾是汽化过程中发生在液体内部的一个现象。一般情况下，液体里都存在着大量的小气泡。当气泡内部的压强大于气泡外部的压强时,内外压强差会使气泡膨胀破裂。大量气泡的破裂就产生了宏观的沸腾现象。水沸腾时的温度称为水的沸点温度。沸点温度与外部的大气压有关。在地球表面,水的沸点温度是 100 ℃。而对于密闭的容器来说,例如高压锅,小气泡内部和外部的压强随着温度的升高在同时增大,因此不会出现沸腾现象,温度可持续上升。所以,为了防止高压锅内温度持续上升,导致压强过大而发生爆炸,需要在高压锅内安置排气阀,即锅内压强达到一定程度时,使其与外部相通,进行放气。如果想要高压锅的水发生沸腾现象,可在高压锅的外部浇冷水,使高压锅内压强快速变低,小气泡内的压强就会大于外部压强,从而出现沸腾现象。

由于高山上的大气压低于地球表面的大气压,水的沸点温度小于 100 ℃,也就是无论如何加热,敞口容器内的温度始终达不到 100 ℃,从而不易煮熟食物。显然,解决问题的办法就是改成封闭的容器加热。

8. 什么是过热水?

水温超过 100 ℃仍然不沸腾,称为过热水现象。微波炉加热非常方便,尤其对水的加热效率更高,所以有时人们为了方便选择直接用微波炉加热水。其实这是一种危险的行为。使用微波炉加热时一般都会使用杯子一类表面干净平滑的器具,如果同时水的纯净度较高,水在加热时会形成较小的气泡。由于小气泡的曲率半径很小,导致表面张力较大,这就会在气泡表面形成较大的压力,导致气泡很难变大。即便达到了 100 ℃,气泡的内外压强差仍不足以使气泡破裂而沸腾,称为过热水现象。此时的过热水如果受外界扰动,就可能会使气泡的内外压强差瞬间增大而出现"暴沸"现象。暴沸的水会瞬间由容器涌出而伤人。相比之下,用水壶等其他方式加热时,内部发生循环流动,水壶底部会形成较大的气泡,气泡起着汽化中心的作用,称为"汽化核",所以水壶中的水达到沸点就后会沸腾。

9. 油锅着火为什么不能用水浇?

生活中如果遇到了油锅着火,千万不要用水浇灭。这是因为油温很高,当水遇到热油的时候,会瞬间汽化并和油形成混合油雾。油雾遇到明火,就会发生爆炸。所以,正确做法应该是用锅盖盖住油锅,隔绝空气,使其在缺氧条件下,自然熄灭。

参 考 文 献

[1] 李椿,章立源,钱尚武. 热学. 2 版. 北京:高等教育出版社,2008.

[2] 秦允豪. 普通物理学教程:热学. 3 版. 北京:高等教育出版社,2011.

[3] 赵凯华,罗蔚茵. 新概念物理教程:热学. 2 版. 北京:高等教育出版社,2005.

[4] 黄淑清,聂宜如,申先甲. 热学教程. 3 版. 北京:高等教育出版社,2011.

[5] 梁绍荣,刘昌年,盛正华. 普通物理学:第二分册 热学. 3 版. 北京:高等教育出版社,2006.

[6] 汪志诚. 热力学·统计物理. 5 版. 北京:高等教育出版社,2013.

[7] 梁希侠,班士良. 统计热力学. 2 版. 北京:科学出版社,2008.

[8] 包景东. 热力学与统计物理简明教程. 北京:高等教育出版社,2011.

[9] 苏汝铿. 统计物理学. 2 版. 北京:高等教育出版社,2004.

[10] SOULEN. A brief history of the development of temperature scales : the contributions of Fahrenheit and Kelvin. Supercond. Sci. Technol., 1991, 4 (11): 696.

[11] 甲先申. 物理学史教程. 长沙：湖南人民出版社，1987.
[12] GILLISPIE. Dictionary of Scientific Biography：vol.7，Charles Scribner's Sons，1975.
[13] 梅森. 自然科学史. 周煦良，等译. 上海：上海译文出版社，1980.
[14] 秦克诚. 方寸格致：邮票上的物理学史增订版. 北京：高等教育出版社，2013.
[15] 郭奕玲，沈慧君. 物理学史. 2版. 北京：清华大学出版社，2005.
[16] 罗桂环. 英国植物学泰斗——罗伯特·布朗. 植物杂志，1989，01：39-40.
[17] ROBERL M. Hawthorne Jr. Avogadro's Number：Early Values by Loschmidt and Others，J.Chem. Educ.，1970，47：751-755.
[18] KOHN M. Josef Loschmidt, J.Chem. Educ.，1945，45：381-384.
[19] 忒斯克，林书阅. 马利安·斯莫路绰斯基的生平和他在物理学上的贡献. 物理通报，1957，04：201-208.
[20] 林祯祺，张逢，胡化凯. 量子统计学的先驱——玻色. 自然辩证法通讯，2006，28，6：86-92.
[21] 范印哲，张增顺. 热力学第零定律的独立性问题. 大学物理，1984，07：24-25.
[22] 杨朝潢. 能量子和作用量子的缘起. 物理通报，1964，03：64-71.
[23] 刘玉鑫. 热学. 北京：北京大学出版社，2016.

第三章
改变世界的电磁

在当今的信息社会，电灯、电话、无线通信、网络通信等已经发展成为人们赖以生存的基本条件，而能够实现这些科技进步的根本是电磁现象规律的发现。可以说，电磁现象规律改变了人类生活的世界。

本章概述图 3.1 所示的电磁现象规律的逻辑关系、发展历程以及实用性，以 AR 演示与实物演示等方式展现相关的基本规律及其应用实例。

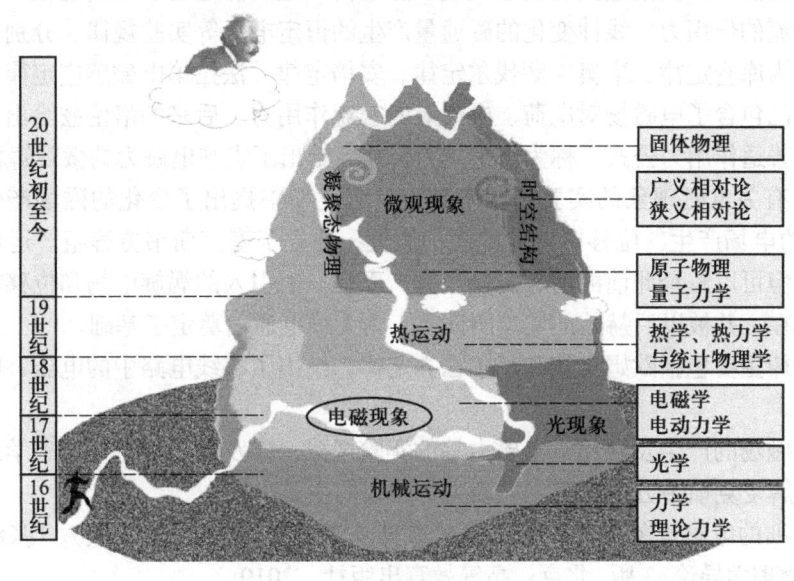

图 3.1

§3.1 电磁现象基本规律的逻辑性概述

电磁学研究的是电磁现象的基本规律，包括电磁现象理论和电路规律两个方面。电磁现象理论是基于实验规律的总结而上升至理论，电路规律是基于电磁理论辅以物质结构模型的相关理论而形成的。其知识体系之间的基本逻辑关系如图 3.2 所示。

授课录像：
电磁规律的
逻辑性概述

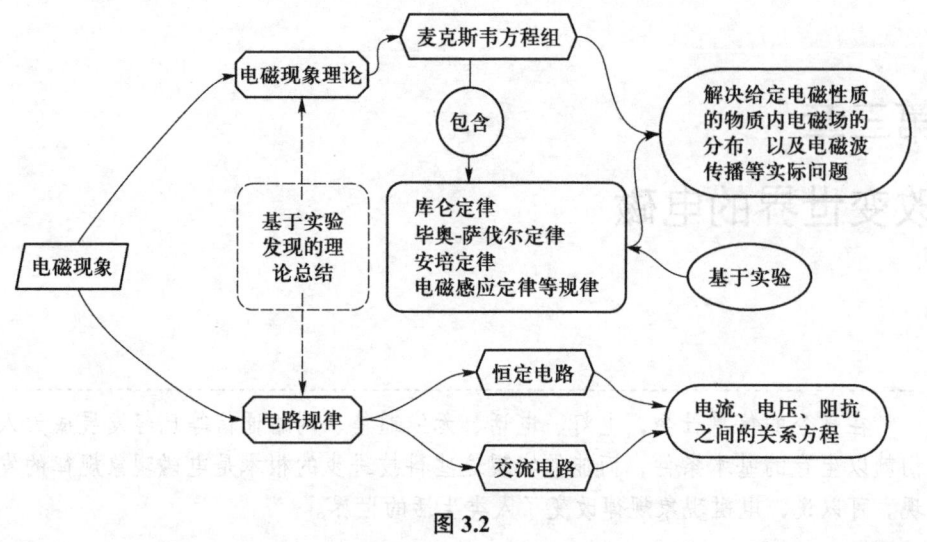

图 3.2

电磁现象的基本理论包括电磁场运动，以及电磁场对带电粒子的作用。电磁场运动的普适性理论是麦克斯韦方程组，它可以处理电磁场的产生、性质及传播问题。在麦克斯韦方程组建立之前，人们通过实验就已发现了静电荷产生的静电场、恒定电流产生的恒定磁场及其对电流的作用力、线性变化的磁通量产生的恒定电场等实验规律。分别以发现者的名字被命名为库仑定律、毕奥－萨伐尔定律、安培定律、法拉第电磁感应定律。在这些实验规律中，已包含了电磁场对电荷、电流等的宏观作用力。后来的洛伦兹给出了电磁场对单个电荷的普适作用力公式，称为洛伦兹力公式，给出了宏观电磁力的微观解释。

在上述有关电磁现象的实验规律基础上，麦克斯韦提出了变化的磁场产生"涡旋电场"、变化的电场产生"位移电流"的两个假设，建立了麦克斯韦方程组。运用麦克斯韦方程组，不但可以解释此前的所有实验规律，而且，由引入的涡旋电场和位移电流预言了电磁波的存在，并被以后赫兹的实验所证实，为无线电通信奠定了基础。

电路规律主要包括欧姆定律和基尔霍夫定律，给出了有线电路中的电压、电阻和电流之间的关系。

有关电磁场的产生及性质、电磁力等的实验规律，以及电路规律是电磁学课程的重要内容，而求解麦克斯韦方程组则是电动力学课程的主要内容。

较为详细的电磁现象规律的逻辑关系参见《物理学导论》（第三版）。（张汉壮，倪牟翠，王磊. 物理学导论. 3 版. 北京：高等教育出版社，2019.）

§3.2 电磁现象基本规律的发展历程概述

授课录像：
电磁现象领域科学家导图

电磁学规律体系的建立是于 19 世纪完成的。从历史角度看，电磁现象理论形成的先后顺序是库仑定律、毕奥－萨伐尔定律、安培定律、法拉第电磁感应定律、麦克斯韦方程组。电路规律形成的先后顺序是欧姆定律（安培定律与法拉第电磁感应定律建立时期之间）、基尔霍夫定律（法拉第电磁感应定律与麦克斯韦方程组建立时期之间)。在电磁现象研究领域做出重要贡献的科学家的出生年代顺序、人物之间的关系及其贡献如图 3.3 所示。电磁现象规律的重要历史发展阶段如表 3.1 所示。在电磁现象研究领域做出重要贡献的科学家信息一览表见附录 3。

表 3.1 电磁现象规律的重要历史发展阶段

年代	分段历史	重要科学家
1600—1800 年	静电场	吉尔伯特、富兰克林、库仑
1800—1820 年	恒定磁场	伏打、毕奥、安培、奥斯特、萨伐尔、洛伦兹
1820—1831 年	恒定电场	法拉第、楞次
1865 年以后	电磁场统一理论	麦克斯韦、赫兹、欧姆、基尔霍夫

针对图 3.2 及表 3.1 的发展历程概述如下：

3.2.1 静电场

人类有关电磁现象的观测可追溯到公元前 585 年。希腊哲学家泰勒斯记载了用木块摩擦过的琥珀能够吸引碎草等轻小物体，以及天然矿石吸引磁铁现象。在此后的 2000 多年中，人们对电磁现象陆续进行了观测和总结。1600 年英国伊丽莎白女王的御医吉尔伯特系统总结了磁现象，1729 年英国的格雷发现感应起电方法，1745 年荷兰的穆欣布罗克发明莱顿瓶，1752 年美国的富兰克林研究雷电现象并将雷电与地面的电现象统一起来，1766 年英国的普里斯特利提出电吸引力与距离成反比的设想，1769 年苏格兰的罗比生进行了第一次电力测量，1773 英国的卡文迪许用实验验证了普里斯特利预言，众多科学家对电磁现象进行了观测和实验研究。

授课录像：
静电与静磁

针对静电场的研究，1785 年，法国物理学家库仑通过实验总结出了两个静止点电荷之间的相互作用力规律，即库仑定律。由库仑定律可以导出高斯定理和环路定理，用以进一步描述电场的平方反比力及保守力的性质。历史上，库仑曾将静磁现象与静电现象类比而提出磁荷的概念，并认为物质的磁现象和电现象原理是相同的，即磁荷产生磁场的观点。但至今没有实验发现磁单极来证明磁荷的存在。在奥斯特的电流磁效应实验之后，法国物理学家安培提出了任何磁体的磁场都是由分子环流所产生的观点，即磁效应的分子环流假说。磁荷的概念已不被教科书提起。由于其方便性，有时人们仍然基于磁荷观点去计算磁场问题，但这只是为了计算层面上的方便，并不能作为物理规律。

3.2.2 恒定磁场

1800 年意大利物理学家伏打发明了伏打电堆，使获得持续、相对稳定的电流成为可能。1820 年 7 月，丹麦物理学家奥斯特通过实验发现电流（运动的电荷）可以对磁铁施加作用力，即电流的磁效应。奥斯特的实验工作首次揭示了电磁现象的内在联系，即电可以产生磁。这一实验从根本上改变了此前人们认为电和磁是彼此无关的认识。

授课录像：
恒定电流产
生恒定磁场

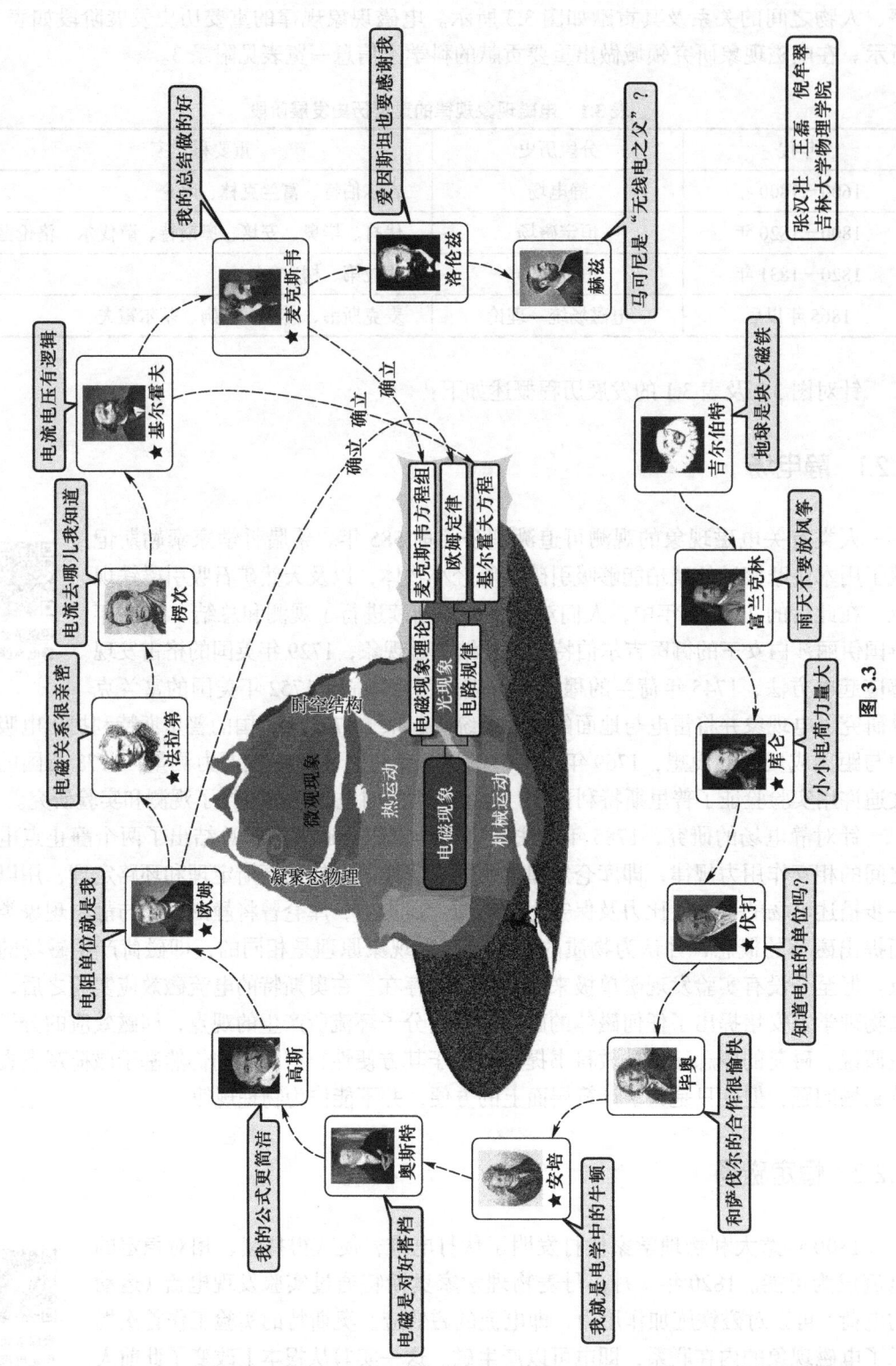

图 3.3

1820 年 10 月，法国的毕奥和萨伐尔公布了载流长直导线对磁针的作用力实验，给出了载流长直导线产生的磁场与电流和距离的关系，经过法国数学家拉普拉斯的数学证明，最终给出了电流产生磁场规律的表达式，即毕奥－萨伐尔－拉普拉斯定律，教材和文献中经常称为毕奥－萨伐尔定律。

1820 年 12 月，法国物理学家安培基于四个巧妙的实验和作用力方向假设，给出了磁场对电流元的作用力公式，即安培定律，或安培力公式。安培还提出了任何磁体的磁场都是由分子环流所产生的这一微观机制，即磁效应的分子环流假说。显然，毕奥－萨伐尔定律与安培定律的结合，可以给出电流之间的相互作用力。上述研究实际上已经包含了电磁场对电荷、电流的宏观作用力规律。1892 年，荷兰物理学家洛伦兹给出了单个带电粒子运动过程中所受电磁力的普适表达式，称为洛伦兹力公式。对宏观电磁力给予了微观机理的解释。

3.2.3 恒定电场

既然电能够产生磁，反过来磁是否也能产生电？英国物理学家法拉第通过圆环实验，于 1831 年第一次观察到由变化的磁场所产生电磁感应现象，给出了法拉第电磁感应定律，并提出了电场线，即场的概念。1834 年俄国物理学家楞次给出了判断感应电流方向的另外一种简洁的方法，即楞次定律。

授课录像：
线性变化的
磁通量产生
恒定电场

3.2.4 电磁场统一理论

英国物理学家麦克斯韦根据已有电磁规律提出了变化的磁场在空间产生"涡旋电场"，以及变化的电场在空间产生"位移电流"两个基本假设，于 1865 年将电磁学的普遍规律用数学公式表达出来，建立了麦克斯韦方程组，完成了电磁场的统一理论。麦克斯韦方程组不但给出了此前实验规律的理论解释，而且由引入的涡旋电场和位移电流从理论上预言了电磁波的存在，并于 1888 年被德国的赫兹的实验所证实，麦克斯韦完成了人类科学史上的第二次总结。

授课录像：
电磁场统一
理论

德国物理学家欧姆受傅里叶热传导理论研究结果的启发进行电路规律的研究，于 1827 年发表的《电路的数学研究》中给出了电流、电压和电阻三者之间的关系，即欧姆定律。这是电路的最基本规律。

德国物理学家基尔霍夫于 1845 年提出了用于分析和计算较为复杂电路的规律，即基尔霍夫定律。

§3.3 电磁学相关基本规律与人类生活

本节以表 3.2 所示的电磁学基本规律与应用实例为问题导向，以 AR 演示、实物演示等方法介绍相关电磁学基本规律的应用案例。

第三章 改变世界的电磁

表 3.2　电磁学相关基本规律及其应用实例

规律分类		应用实例	演示资源
3.3.1 静电场与恒定磁场的产生及其电磁力	3.3.1.1 电荷产生的发散静电场及其电场力	1. 衣物等物体为何会有放电现象？ 2. 静电为何可以除尘？ 3. 避雷针为何可以避免建筑物遭受雷击？ 4. 飞机为何不怕雷击？ 5. 为何房间内有的地方手机信号不好？ 6. 麦克风为什么可以放大声音？ 7. 日冕光环、电离层、臭氧层、雨雷电、极光、负氧离子、生物电等与电磁相关的自然界现象的发生原理是什么？	摩擦起电（实物） 范德格拉夫起电机（实物） 维氏起电机（实物） 静电跳球（实物） 静电摆球（实物） 压电效应（实物） 绝缘体变为导体（实物） 辉光放电球（实物） 三基色辉光灯（实物） 混合色辉光灯（实物） 日光灯的静电起辉（实物） 雅各布天梯（实物） 尖端放电（实物） 静电转轮（实物） 静电滚筒（实物） 静电屏蔽（动画）
	3.3.1.2 变化的磁通量产生的涡旋电场及其电场力	1. 磁铁在金属管道中运动为何变慢？ 2. 人工、水利、风力、核能等发电的原理是什么？	感应电动势（实物） 对比式楞次定律（实物） 跳环式楞次定律（实物） 电磁驱动（实物） 电磁阻尼（实物） 发电机（AR） 脚踏发电机（实物）
	3.3.1.3 运动电荷产生的涡旋磁场及其磁场力	1. 为什么有的物质有磁性，而有的物质却没有磁性？ 2. 地球为什么会有天然的磁场？ 3. 电饭锅为什么可以自动断电？ 4. 电动机的原理是什么？ 5. 什么是霍耳效应？ 6. 司南为何可以指南？ 7. 什么是电磁炮弹？ 8. 磁悬浮列车是如何运行的？	安培力（实物） 磁感应线（实物） 磁聚焦现象（实物） 磁介质磁化（实物） 巴克豪森效应（实物） 矩形载流线框在磁场中受力方向（实物） 巴比轮（实物） 电动机（AR） 霍耳效应（动画） 司南（实物） 磁悬浮（实物）

续表

规律分类		应用实例	演示资源
3.3.2 电场与磁场的耦合	3.3.2.1 元器件中的自感与互感	1. 变压器如何实现变压送电？ 2. 电磁炉为什么可以加热食物？ 3. 为什么手机可以实现无线充电？	通电自感现象（实物） 断电自感现象（实物） 互感现象（实物） 电磁炉（AR） 涡流热效应（实物）
	3.3.2.2 电磁波	1. 无线电波是如何产生和传播的？ 2. 无线电波、X射线等属于电磁波吗？	电磁波的产生与传播（AR） 电磁波的发射与接收（实物）
3.3.3 电路	3.3.3.1 简单电路	1. 人为什么可以进行高压带电作业？ 2. 手掌可以产生电吗？	高压带电作业（实物） 手掌蓄电池（实物）
	3.3.3.2 复杂电路	1. 温差可以产生电压吗？ 2. 电流可以产生温差吗？ 3. 什么是半导体的伏安特性？ 4. 什么是超导体？	基尔霍夫定律（实物） RC电路（实物） 温差电效应（实物） 珀耳帖效应（实物）

3.3.1 静电场与恒定磁场的产生及其电磁力

3.3.1.1 电荷产生的发散静电场及其电场力

物质的微观组成单位是原子，原子由带正电的原子核和核外带负电的电子组成。一个原子的大小在 0.06 ～ 0.5 nm 的区间内。一般情况下，物质的正电荷和负电荷数目是相等的，所以物质呈电中性。但是在一定的条件下，比如说摩擦、电、光等外界作用下，有些原子中的电子就会离开原来的原子而与另一个原子相结合，导致某些原子带正电，而另外一些原子带负电。这是电荷间的分离过程，参见"摩擦起电""范德格拉夫起电机"的实物演示。电荷产生电场的规律是库仑定律，即，电荷在空间某点产生静电场强度的大小与电荷量成正比，与电荷到该点距离的平方成反比。电荷之间的相互作用力方向沿两电荷的连线，同性电荷相排斥，异性电荷相吸引，参见"维氏起电机""静电跳球""静电摆球"的实物演示。

授课录像：
静电学原理

实物演示：
摩擦起电

实物演示：
范德格拉夫起电机

实物演示：
维氏起电机

实物演示：
静电跳球

实物演示：
静电摆球

有些物质，原子的最外层电子可在原子之间自由移动。当这类物质处在外电场中时，自由电子很容易沿外电场方向定向运动，把这类物质称为导体。与导体性质相反的物质称

实物演示：
压电效应

实物演示：
绝缘体变为导体

为绝缘体，这类物质的原子核外电子被核束缚得较紧，几乎没有自由电子，因而在外电场下不发生电子的宏观定向运动，或者说不导电。外电场仅使绝缘体分子的正负电荷中心发生微小分离，称为极化，所以也把绝缘体称为电介质。一些特殊的材料，在压力作用下也会产生极化现象，称为压电效应，参见"实物演示：压电效应"。还有一类物质的导电性质介于导体和绝缘体之间，在一定的条件下表现出导体的性质，而在另一些条件下表现出绝缘体的性质，称为半导体。导体和绝缘体的划分也不是绝对不变的，而是有可能随外界条件发生转换，参见"实物演示：绝缘体变为导体"。

高压电极周围的强电场，会引起气体内的离子、电子加速运动撞击周围气体分子，导致气体分子的激发、电离。当正负电荷再次复合时，部分能量会以光子的形式发出，从而导致气体发光。参见"辉光放电球""三基色辉光灯""混合色辉光灯""日光灯的静电起辉"的实物演示。弧光放电，一般电极距离近，电压较低，但电流大，使电路中产生很高的热量，而高发热量的流动又会促使电离过程进一步加剧，从而产生较亮的弧光，参见"实物演示：雅各布天梯"。火花放电，一般电极距离远，电压高，电离发生在极间较窄的通道中，放电后电压立即下降，导致放电时间短，如闪电就是最常见的火花放电现象。有关电荷产生静电场及其电场力的应用实例列举如下：

实物演示：辉光放电球　实物演示：三基色辉光灯　实物演示：混合色辉光灯　实物演示：日光灯的静电起辉　实物演示：雅各布天梯

1. 衣物等物体为何会有放电现象？

在日常生活中，人们常常会碰到这种现象：见面握手时，手指刚一接触到对方，会突然感到指尖刺痛；黑暗中穿脱衣物时听到"噼啪"的声响，而且伴有闪光。这类现象是由人体所带的静电导致的。人在活动的时候，皮肤和衣物会相互摩擦，使一些原子失去电子

授课录像：
静电学原理应用实例

带正电，或得到电子带负电，在衣物的某处就有电荷聚集。如果空气湿度不是很低，产生的电荷会被空气中的水蒸气带走，或通过人体和大地接触而被中和。如果空气很干燥，衣物上的电荷不能及时被带走，就会越积越多。根据静电荷的性质，电荷主要集中在物体尖端或有凸起的位置，因此像指尖、衣物上的不平整处更容易积累电荷。当带电的指尖或衣物接近与它们电性相反的电荷，就会形成局部的强电场，以至于击穿中间的空气，产生放电现象。

2. 静电为何可以除尘？

静电除尘是指利用高压静电场吸收空气中的灰尘或其他粉尘。在高压静电场作用下，空气分子发生电离，产生大量的电子和正离子，在电场力的作用下向极板运动。电子向正极板运动过程中遇到空气中的尘粒会吸附上去。带负电的尘粒运动到正极，被极板所收集。这就是静电除尘基本原理。随着技术创新，现在也有采用负极板集尘的方式。

3. 避雷针为何可以避免建筑物遭受雷击？

将导体置于电场中时，导体中的自由电子在电场力作用下发生移动，产生新的感应电

场。当感应电场与外电场在导体内部的合电场强度为零时，自由电子不再移动，称导体达到静电平衡状态。静电平衡时，导体内部没有净余的宏观电荷，电荷只分布在导体的表面，且导体表面曲率大的地方电荷密度大，曲率小的地方电荷密度小。由于导体的这种性质，其尖端更容易出现放电效应，避雷针就是根据这一原理制成的。避雷针是安装在较高建筑物顶部的细锐导体杆。在雷雨天气，避雷针和建筑物顶部都被感应而带上大量电荷，由于避雷针针头是尖的，所以集了最多的电荷，在发生雷电时，会引导雷电向避雷针放电，再通过接地导线和接地装置将电流引入大地，从而保护建筑物免遭雷击。参见"尖端放电""静电转轮""静电滚筒"的实物演示。

实物演示：尖端放电

实物演示：静电转轮

实物演示：静电滚筒

4. 飞机为何不怕雷击？

飞机在飞行时没有接地条件，因此普通的避雷针对飞机并不适用。飞机如何防止雷击损害呢？首先，大多数飞机的机身及主要承力材料都是铝合金材质的，这是因为铝合金不仅材质比较轻，而且具有非常好的导电性，利用导体外壳静电屏蔽的性质，为飞机内部的电子设备提供了屏蔽保护；其次，在飞机内部，关键的电子设备都加装有金属保护网或者接地线，进一步屏蔽外来电磁干扰；第三，飞行员们会通过飞机仪表和塔台的指挥，尽量避开雷雨区域，使飞机在安全的环境中飞行。

5. 为何房间内有的地方手机信号不好？

将空心的导体壳或导体网格置于电场中时，由于静电感应现象，静电平衡时，导体壳内部没有净余的宏观电荷，电荷只分布在导体壳的表面，表面电荷产生的电场会抵消外部电场使导体内部的电场强度处处为零，因此不会受外界电场的影响。这一现象称导体的静电屏蔽。利用静电屏蔽现象，可以在精密电子设备外层布置导体罩或导体网格，以防止环境中电磁场对设备的干扰。静电屏蔽现象也会在日常生活中产生不利的影响。例如，很多建筑材料中使用钢筋进行加固，这些钢筋组成类似导体网格的结构，具有静电屏蔽效果，以致在房间内有些地方手机信号不好。早期的电梯里几乎不能接收到手机信号，也是静电屏蔽的结果。参见"动画演示：静电屏蔽"。

动画演示：静电屏蔽

6. 麦克风为什么可以放大声音？

物体的振动会引起周围空气密度的变化，这种变化在空气中传播，被耳膜等听觉器官接收，就形成了声音。有时候人们利用麦克风来记录声音，或用麦克风和音箱将声音放大。麦克风主要由振动材料和电极组成。以电容式麦克风为例，它有一个固定的电极板和一个可振动的薄膜制成的电极板。两极板之间充满碳粒或其他绝缘材料，这样就构成了一个电容器。当麦克风接近声源时，薄膜的振动引起内部碳粒的运动，使电容器的电容值发生变化。与电极连接的电路检测并记录这一电容变化，就可以把相应的声音信号转换成电信号。如果再利用电子线路把电信号放大、传输到音箱等设备中，音箱把放大后的电信号再次转换成声振动，就实现了声音的放大。

7. 日冕光环、电离层、臭氧层、雨雷电、极光、负氧离子、生物电等与电磁相关的自然界现象的发生原理是什么？

太阳和地球之间的距离是地球直径的 1.2 万倍，大约是 1.496×10^8 km。太阳发出的一束光传到地球约需 8 min 20 s。太阳向外喷射的高能粒子（质子、电子和能量很高的重离子）会导致日冕光环、电离层与极光现象的发生。而太阳辐射的紫外线又会导致地球表面臭氧层以及负氧离子等现象的出现。

日冕光环：

高能粒子的分布从太阳表面可以延伸到距其几个太阳半径处。高能粒子密度分布是不均匀的，太阳南北极附近的高能粒子密度较低，而高能粒子易从低密度处出射。从太阳出射的高能粒子也称太阳风，会发生各种辐射，例如，自由电子散射光球辐射，处于亚稳态离子的禁戒跃迁，电子、质子及各种重离子碰撞引起的韧致辐射，电子在磁场中运动产生的同步加速辐射，等离子体的静电振荡过程中产生的辐射等。如此众多种类的辐射会产生 X 射线、紫外线、可见光等，这些光就构成了连续的光谱。人们在日全食的时候，可以看到一个光环，称为日冕光环。

电离层：

从冕洞出射的高能粒子会撞击地球大气层顶部的分子或原子，使其电离，产生自由电子和正负离子，形成等离子体区域，这个区域就是电离层。电离层的分布从距离地面 50 km 开始，一直延伸到 1000 km。电离层能使无线电波改变传播速度，发生折射反射和散射，产生极化面的旋转，并受到不同程度的吸收，对地空的通信会产生很大影响。

臭氧层：

太阳的短波紫外线照射空气中的氧气，会把氧气分解成两个氧原子。而氧原子和氧气再结合的时候，可以形成三个氧原子的分子，称为臭氧。臭氧不稳定，当长波紫外线再继续照射臭氧的时候，它又会把臭氧分解成氧原子和氧气。由于臭氧的密度较氧气大，所以，空中形成的臭氧会沿着重力场运动。在运动过程中，太阳的短波和长波紫外线会使臭氧的形成与分解过程反复进行，最终形成一个臭氧与氧气共存的平衡状态，使臭氧层得以稳定存在。臭氧层的主要分布范围是离地面 20～50 km。臭氧层可以阻挡太阳紫外线，将其转化为热，加热大气。少量的臭氧可以使人感到很清爽，比如，雷电过后人们感到身体很清爽，那就是臭氧的作用，而过量的臭氧会对人体产生伤害。

雨雷电：

地球表面上空随着高度的增加而温度逐渐降低。地球表面形成的水蒸气在上升的过程中，随着高度的增加就会凝结成小水滴，形成天空的云。上升的热空气使小水滴聚集到一定数量时，就形成积雨云，距地面大约 1 km。小水滴间碰撞以及气体分子的凝聚过程，会形成大雨滴。当大雨滴的重量大于空气的阻力与浮力时，雨滴就会下降形成降雨。下降的雨滴与上升热空气的摩擦，会使正负电荷分离。云顶一般带正电荷，云底带负电荷。云底的负电荷会使地面的高端物体感应出正电荷。云顶和云底之间，云底和地面高端物体之间正负电荷的复合过程，会释放电能而形成爆炸。爆炸所产生的声波向四周传开，就是雷鸣的过程。电荷在复合过程中所形成的巨大电流会击穿空气产生耀眼的闪光，就是闪电。由于声速小于光速，所以，人们先看到闪电，后听到雷声。

极光：

地磁场的磁感应线是从南极到北极的弧形。太阳出射的高能粒子到达地球表面时，由于地磁场作用，粒子只能绕着磁感应线做回旋运动，从地球的南北极进入到地球。进入到地球大气层的高能粒子与高空中大气层中的氧和氮相遇，使氧和氮激发并发光。物质的能级结构决定了氧发出绿色、红色的光,氮发出紫色、蓝色及深红色的光,这些不同颜色的光合起来,就形成了壮观的极光景象。

负氧离子:

氧原子里面增加一个电子称为负氧离子。天然负氧离子主要靠宇宙射线、紫外线等产生,也可以通过微量元素辐射、电击等人工方法获得。负氧离子寿命随着环境的不同而不同,在洁净的空气中负氧离子的寿命长达几分钟,而在灰尘中只有几秒钟,这就意味着灰尘能够吸收负氧离子。负氧离子可以使灰尘病毒等物质聚集起来,并使其下沉到地面,所以,负氧离子是去除尘埃、病菌的有效手段之一。此外,负氧离子还具有镇静、催眠、降压等功能,称为人体的"空气维生素"。

由于尘埃、污染物等能够吸收负氧离子,导致负氧离子在晴天的时候就会比阴天多,夏季比冬天多,中午比早晚多,野外比室内多。所以,多进行野外运动可以吸收更多的负氧离子,是一种有益的锻炼身体的方式。

生物电:

生物体通过控制细胞膜两边的离子浓度可以形成细胞膜内外的电势差,大量细胞所累积的这种电势差称为生物电。一般情况下,这种生物电都是很弱的,主要用于生命活动或者神经传导。而有的生物体内的各细胞之间也有电势差,可以形成很强的生物电。例如,电鳗的身体有着特殊的细胞结构,它在受到刺激或者捕食猎物的时候,能控制细胞内的离子进行定向流动,产生电流。每个细胞产生的电压虽然不高,但是数千个细胞串联起来就可以产生 300～800 V 的电压。电鳗放电时之所以不会电到自己,是因为它的主要器官集中在身体的前端,由绝缘性较好的脂肪保护,而放电细胞在身体的后侧,放电时大部分电流会被电阻较小的水导走。人们利用生物电的特性制作了心电图、脑电图、肌电图等仪器设备,用以诊断生命体各器官的健康状态。

3.3.1.2 变化的磁通量产生的涡旋电场及其电场力

不仅电荷可以产生电场,变化的磁通量也可以产生电场,相关的实验规律称法拉第电磁感应定律。电荷产生的电场与变化的磁通量产生的电场的性质有所不同。前者是发散场,电场线是发散的;而后者是涡旋场,电场线是闭合的。利用涡旋电场可以使电子或其他带电粒子在圆周运动过程中获得加速。请参见"实物演示:感应电动势"。如果磁通量变化的空间中有导体线圈,则线圈内会产生感应电流。电流的方向可由楞次定律进行判断,即感应电流产生的磁通量与原来磁通量的变化相反。参见"对比式楞次定律""跳环式楞次定律"的实物演示。感应电流在磁场中会受到磁场力的作用,称安培力。参见"电磁驱动""电磁阻尼"的实物演示。变化的磁通量产生涡旋电场及其电场力的相关应用实例列举如下:

授课录像:
变化的磁通量产生的涡旋电场及其电场力

实物演示:
感应电动势

实物演示:
对比式楞次定律

实物演示:
跳环式楞次定律

实物演示:
电磁驱动

实物演示:
电磁阻尼

1. 磁铁在金属管道中运动为何变慢？

把一小块磁铁放入一个直立的金属管上端，若磁铁的横截面小于金属管的横截面，磁铁会由于重力而下落。与没有金属管存在的情况相比，我们发现磁铁的运动变慢了。产生这一差别的原因是电磁感应现象。想象金属管中很短的一小段，它可以看作是一个闭合的金属环。磁铁产生的磁场使穿过这个环的磁通量不等于零。当磁铁沿管道运动时，穿过这个环的磁通量也随之发生变化。根据法拉第电磁感应定律，沿着金属环产生了感应电动势和感应电流。又根据楞次定律，这个感应电流产生的新的磁场是阻碍磁铁运动的。对于金属管上所有位置的小环来说，随着磁铁的运动，每个环路中产生的感应电流都对磁铁的运动起阻碍作用，于是磁铁的运动就变慢了。

2. 人工、水利、风力、核能等发电的原理是什么？

设想将一刚性的矩形线圈置于两个磁铁组成的磁场中。想办法让线圈运动起来。虽然磁铁形成的磁场是恒定的，但是由于线圈的转动，穿过线圈的磁通量将发生周期性变化。根据法拉第电磁感应定律，线圈内就会产生电动势，参见"AR 演示：发电机"。有很多种方法可以实现线圈的转动，如人工推动，参见"实物演示：脚踏发电机"；利用自然界流动的水冲击叶轮，也可以带动线圈旋转，称为水力发电；同样的原理，还有风力发电、利用核反应所产生的蒸气推动叶轮的核能发电等。

AR 演示：
发电机

实物演示：
脚踏发电机

3.3.1.3 运动电荷产生的涡旋磁场及其磁场力

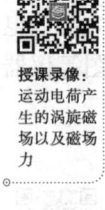

授课录像：
运动电荷产生的涡旋磁场以及磁场力

运动的电荷（电流）会在其周围空间产生磁场，磁场的大小及方向规律称毕奥–萨伐尔定律；运动的电荷（电流）在外加磁场中会受到磁场力的作用，力的大小及方向规律称安培定律。参见"安培力""磁感应线"的实物演示。如果空间既有电场又有磁场，则运动的电荷将受到电场力与磁场力的共同作用，作用的规律由洛伦兹力公式表示。参见"实物演示：磁聚焦现象"。

根据物质在磁场作用下的变化，可将物质按照磁性质分为抗磁质、顺磁质和铁磁质三类。抗磁质在外界磁场作用下产生一个较小的、与外磁场方向相反的磁矩，结果使抗磁质内部磁场稍稍减弱；顺磁质在外界磁场作用下产生一个较小的、与外磁场方向相同的磁矩，结果使顺磁质内部磁场稍有增强。无论是抗磁质还是顺磁质，产生的磁场变化都很小，可近似认为内部磁场随外磁场发生很小的线性变化，二者又合称为非铁磁性物质。铁磁性物质则是在外磁场作用下产生明显变化的物质。例如铁、钴或镍等通常可以被天然磁铁吸引的物质。天然磁铁也属于铁磁性物质。用铁磁性物质作为缠绕线圈的内芯，可制成电磁铁。请参见"磁介质磁化"及"巴克豪森效应"的实物演示。有关运动电荷产生涡旋磁场及其磁场力的应用实例列举如下：

实物演示： **实物演示：** **实物演示：** **实物演示：** **实物演示：**
安培力　　磁感应线　　磁聚焦现象　磁介质磁化　巴克豪森效应

1. 为什么有的物质有磁性，而有的物质却没有磁性？

根据安培的分子电流假说，磁性起源于分子电流。分子电流是指组成物质的每一个分子都相当于一个微小的环电流，其产生磁场的方式类似于一个过圆心垂直于圆面的微小磁针，称分子磁矩。对于非铁磁性物质，其分子电流是彼此独立的，由于分子的无规则热运动，分子磁矩的取向也是无规则的，总和等于零。即使在外磁场作用下，也仅产生很微小的变化，因此非铁磁性物质没有磁性。对于铁磁性物质，其分子磁矩存在相互影响，以至于物质内部形成许多称为磁畴的小型区域。每个磁畴内的所有分子磁矩都沿相同的方向排列，磁畴的磁矩总和不等于零。但是如果没有外加磁场，不同磁畴的磁矩方向一般不同，这时物质整体仍不具有磁性。当有外加磁场时，铁磁性物质的各个磁畴都趋向于外磁场方向排列，这种变化很明显，甚至可能产生几十倍、几百倍于外加磁场的新的磁场，于是物质表现出明显的磁性。当撤去外磁场时，磁畴在相当长时间里仍能够保持整齐的排列，称为剩磁。天然磁铁就是剩磁的体现。随着时间的推移，磁畴的整齐排列会由于热运动而逐渐消失。如果对铁磁性物质加热，或剧烈敲打，磁畴本身也会由于热运动而被瓦解，那样铁磁性物质就变成非铁磁性的了。反之，如果对非铁磁性物质进行降温，则有可能使其表现出铁磁性来。

2. 地球为什么会有天然的磁场？

在地球内部、表面及外部空间存在天然的磁场，称为地磁场。如果将地球想象成一块磁铁，那么地理上的南极与北极恰好是这块磁铁的"北极"与"南极"，地球外部空间磁场的总体的方向是从地球的地理南极至地理北极，有证据表明地磁场方向并不是一成不变的，曾经发生过多次翻转。地磁场究竟是如何形成的？这个问题至今仍未能彻底解决。在各种关于地磁场起源的理论中，目前获得最多认可的是"液核发电机"假说。研究资料表明，地球的外核是液态的，且具有很高的电导率，并处于不断运动中。如果在液核中存在一微弱磁场，那么液核中导电物质的流动会切割磁场从而产生感应电流，电流又会加强磁场，在适当的条件下，电流最终会维持在一个稳定的值，这一机制称为"磁流体发电"，稳定的电流就形成了了地球的磁场。液核发电机理论不仅可以解释基本的地磁现象，而且是目前唯一能够解释地磁场翻转现象的理论，因此被认为是较为成功的地磁场起源理论。

3. 电饭锅为什么可以自动断电？

电饭锅、电热水壶等家用电器在达到预定温度后可以自动断电，使我们的生活既方便又安全。这一功能的实现利用了铁磁性物质的居里定律。按照居里定律，每种铁磁性物质都存在一个临界温度，称居里温度。当高于居里温度时，铁磁性物质的磁性消失，变成普通的顺磁质。在电饭锅的开关中，安装了一块专门材料制成的磁铁，它的居里温度略高于 100 ℃。做饭时按下开关，因为环境温度远低于 100 ℃，开关被磁铁吸住，电路接通。饭熟后，电饭锅因变干而升温。当温度略高于 100 ℃时，磁铁因达到其居里温度而失去磁性，开关被弹起，实现自动断电。

4. 电动机的原理是什么？

设想将一刚性的矩形线圈置于两个磁铁组成的磁场中，且线圈可绕过矩形中心与长边平行的固定轴转动。当线圈中有电流流过时，矩形各边均受到磁场力的作用，总体的效果是使线圈绕轴转动，由此实现了由电能到机械能的转化。这就是电动机的原理。电动机可以分为直流电动机和交流电动机，前者线圈中流过的是恒定电流，而后者为交变电流。参见"实物演示：矩形载流线框在磁场中受力方向""实物演示：巴比轮"以及"AR演示：电动机"。

实物演示：矩形载流线框在磁场中受力方向

5. 什么是霍耳效应？

将一块长方形导体放入磁场中，使磁场沿导体从前到后的方向。同时使电流沿从左到右方向流经导体，则在导体的上、下两个表面将分别出现负、正电荷的积累。或者说导体中产生了电动势，上表面电势低、下表面电势高。这一现象称霍耳效应，产生的电动势称霍耳电动势。如果用导线将上、下表面与电路连接，则会有电流产生。产生霍耳效应的原因是运动的电荷在磁场中受到的洛伦兹力。洛伦兹力的大小与电荷量、运动速度及磁场大小成正比，方向同时垂直于磁场方向和电荷运动方向。利用霍耳效应可以发电，或在电子学中检测半导体的性质等。参见"动画演示：霍耳效应"。

实物演示：巴比轮

6. 司南为何可以指南？

指南针是我国的"四大发明"之一，在古代被称为"司南"。指南针本身是一个小的细长形状的永磁铁。当它处于地球表面的地磁场中时，由磁极的同性相斥，异性相吸的规律可知，指南针的S极将指向地磁场的N极，也就是地理南极。指南针的发明，使人们可以借助地磁场为在地球表面空间的运动指明方向。有研究表明多数鸟类天生具有感知磁场的能力，它们可以通过感知地磁场来确定自身的方位。参见"实物演示：司南"。

AR演示：电动机

7. 什么是电磁炮弹？

电磁炮弹是指利用电磁力代替火药爆炸而发射的弹丸。用两根平行的导体作为轨道，中间放置导体材料制成的炮弹，将轨道与炮弹与电源、开关等器件连接成回路，并放入磁场中。使磁场的方向满足如下条件：当回路中有电流通过时，通过炮弹的电流受到磁场力的方向是沿着导轨远离电路的。于是，当给电磁炮装置通电时，炮弹就会被磁场力加速并发射出去。电磁炮既可用作新型武器，也可以用于气象、航天等科技活动。

动画演示：霍耳效应

8. 磁悬浮列车是如何运行的？

磁悬浮列车是指利用磁力克服列车的重力，使列车悬浮在轨道上运行的先进交通设施。在磁悬浮列车的车辆底部和两侧安装着一系列电磁铁，另外，在列车专用轨道上也安装一系列电磁铁。通过对电磁铁提供变化周期合适的交流电，使车辆和轨道之间电磁铁的磁场始终处于相斥状态，这样车辆就能够悬浮在轨道上了。车辆沿轨道前进的动力也是由安装在车辆底部及两侧和轨道上的电磁铁之间的相互作用而产生的。通过调节电磁铁电流的大小，可以控制所产生前进动力的大小，进而控制车速。相比于普通的列车，磁悬浮列车具有高速、平稳、无噪声且对环境无污染等多种优势。参见"实物演示：磁悬浮"。

实物演示：司南

实物演示：磁悬浮

3.3.2 电场与磁场的耦合

3.3.2.1 元器件中的自感与互感

当线圈中电流发生变化时，会产生变化的磁场，变化的磁场又会使附近空

授课录像：元器件中的自感与互感

间区域产生感应电场。这个感应电场既可以作用到附近的其他线圈中，也可作用到原来的线圈中，在附近线圈和自身线圈中产生感应电动势。前者称为互感现象，而后者称自感现象。利用互感现象可以制成变压器；利用自感现象可制成电感线圈，实现电路延时目的。参见"通电自感现象""断电自感现象""互感现象"的实物演示。有关元器件中的自感与互感的应用实例列举如下：

实物演示：
通电自感现象

1. 变压器如何实现变压送电？

由多片金属片组成一个矩形框，在矩形框的一组对边上分别缠绕两组线圈，一端作为输入端，另一端作为输出端。当输入端输入交变电流时，变化的电场就会在金属框中形成交变的磁场，而交变的磁场又会在输出端的线圈中产生交变的电场，致使输出端产生电压。计算表明，输入端和输出端的电压比与输入端和输出端所缠绕的线圈匝数有关，改变线圈的匝数比，即可实现电压的升高或降低。

实物演示：
断电自感现象

2. 电磁炉为什么可以加热食物？

电磁炉的炉面是耐热陶瓷板，中心位置内部由线圈组成。当线圈中通有交变电流时，电磁感应定律导致线圈周围会产生交变的磁场，交变的磁场又会产生交变的涡旋电场。将铁锅或不锈钢锅等含铁锅具放在电磁炉中心位置的时候，这个涡旋电场就会作用在锅具底部的铁上，会使锅底产生涡旋电流。该涡旋电流会导致锅具本身发热，从而加热食物，利用此原理还可以实现高频感应加热。参见"AR演示：电磁炉""实物演示：涡流热效应"。

实物演示：
互感现象

AR演示：
电磁炉

3. 为什么手机可以实现无线充电？

手机、平板电脑等个人电子设备已经成为我们生活中的重要工具。如何为电子设备充电是我们日常生活中频繁面临的问题。传统的充电方法是用传输线直接将电子设备与适当的电源相连接，这就要求我们为每个设备携带专门的充电配件，很不方便。采用无线充电的方法就轻松得多，并且也更加安全。小型电子设备的无线充电技术大多是利用电磁感应的原理。充电底座中的交变电流产生变化的磁场，用电设备的接收线圈接近充电底座时，变化的磁场使通过线圈的磁通量发生变化，产生互感电动势和互感电流，这样就实现了对设备的无线充电。因为无线充电底座可以通用，且能够同时为多个设备充电，所以比传统的方式更加便捷。此外，充电底座和用电设备之间不需要外部连接导线，因而也更加安全。

实物演示：
涡流热效应

3.3.2.2 电磁波

无线电波、微波、红外线、可见光、紫外线及X射线等均属于电磁波的范畴。这些电磁波本质上是相同的，主要的差别在于频率或波长的不同。把各种电磁波按照频率或波长的顺序排列起来，称为电磁波谱。有关电磁波的应用实例列举如下：

授课录像：
电磁波

1. 无线电波是如何产生和传播的？

波长从几毫米到千米范围内的电磁波称为无线电波，主要用于通信、广播及电视信号的传播。无线电波一般由电磁振荡电路产生。最简单的电磁振荡电路由一个电容器和一个电感线圈构成。给电容器充电并接通电路后，电路里就会产生周期性变化的电流，从而使电感线圈中获得周期变化的磁场，交替变化的电磁场通过天线由近及远地传播，形成了电

AR 演示：电磁波的产生与传播

实物演示：电磁波的发射与接收

磁波。如果要利用无线电波传输信息，则首先将信息转换成电信号，然后将需要传送的电信号调制到一个高频无线电波上，再通过天线发射出去；在需要的地方安装接收器，接收无线电波并解调，就完成信息的传递。信息传送中采用高频信号是为了减少信号在空间传播中的能量损失。参见"AR 演示：电磁波的产生与传播"及"实物演示：电磁波的发射与接收"。

2. 无线电波、X 射线等属于电磁波吗？

无线电波、微波、红外线、可见光、紫外线、X 射线等均属于电磁波的范畴。所有这些电磁波本质上是相同的，主要的差别在于频率或波长的不同。把各种电磁波按照频率或波长的顺序排列起来，称为电磁波谱。不同波长范围的电磁波，其产生方式、性质、用途都有所不同。例如，波长从几毫米到千米范围内的是无线电波，一般由电磁振荡电路产生，主要用于通信、广播及电视信号传播；波长在 800 nm 至 1 mm 范围内的电磁波称为红外线，具有显著的热效应，在军事上可用于侦察记录目标信号；波长几个纳米至 400 nm 的电磁波是紫外线，具有杀菌作用，还会促进化学反应的进行；比紫外线波长更短的电磁波有 X 射线和 γ 射线，它们具有极强的穿透本领。X 射线在医疗上可用于透视和病理检查，而 γ 射线可用于手术切除病变部位等。

3.3.3 电路

3.3.3.1 简单电路

授课录像：简单电路

根据一定的任务，把电子元器件用导线连接起来，就组成了电路。最简单的直流电路仅包含电源、电阻、开关和导线。在简单电路中通过电阻的电流与电阻两端的电压成正比，与电阻的阻值成反比，这一规律称欧姆定律。有关简单电路的应用实例列举如下：

1. 人为什么可以进行高压带电作业？

电会对人体造成伤害是因为有电流流经人体。我国民用电压为 220 V，远超过人体安全电压 36 V。高压线则更加危险，至少具有上万伏高压的输电线缆，即使不去触碰，仅接近时也可能因为静电感应而导致人体和地面出现很高的电势差，可能发生触电事故。另一方面，我们知道高压设备也需要日常维护和修理。那么维修人员是怎么工作的呢？由欧姆定律可知，如果人体各部位处于等电势，即没有电势差，即便是再高的电势也不会在人体中产生电流。高压带电作业就是基于这个原理而进行的。具体的操作办法就是工作人员穿上导体工作服，通过各种技术使人体和某根高压线处于等电势，之后就可以对该根高压线进行工作了，参见"实物演示：高压带电作业"。

实物演示：高压带电作业

人们经常看到小鸟在某个高压线上自由地降落飞起，其原因就是小鸟的两个爪子始终处于一根高压线上，两个爪子之间的电势差为零，不会在小鸟身体中产生电流。设想小鸟的一个爪子落在高压线的火线上，而另一爪子落在高压线的地线上，超高电压会导致巨大的电流穿过小鸟的身体，小鸟瞬间便会灰飞烟灭。

2. 手掌可以产生电吗？

两种活泼性不同的金属分别浸在电解液中，并用导线构成闭合回路时，两种金属分别发生氧化或还原反应，驱动电子沿导线流动，于是回路中形成了电流。这就是原电池的工作原理。实验室中一般用盐水或其他电解质溶液制作原电池。不过，我们也可以用日常生活中的物体来充当电解质溶液，制成充满趣味的电池。例如，人的手掌汗液中含有盐的成分，所以当双手按在两块不同材料的金属板上时，一个简单的手掌电池就制作完成了，参见"实物演示：手掌电池"。

实物演示：
手掌蓄电池

3.3.3.2 复杂电路

实际电路往往比简单的串并联电路复杂得多，利用欧姆定律解决起来非常困难，基尔霍夫定律为分析复杂电路提供了有效的方法。基尔霍夫定律不仅可以应用到简单电路，也可用于存在电感、电容、二极管、三极管等电子元件的复杂非线性电路。请参见"基尔霍夫定律""RC电路"的实物演示。有关复杂电路的应用实例列举如下：

授课视像：
复杂电路

1. 温差可以产生电吗？

将两种不同的金属制成条状，并使其端点两两相接构成回路。把两个接点放入不同的温度环境内，会发现回路中有电流流过，说明回路中有驱动电子流动的电动势。这种由于温度差而产生的电动势称温差电动势。不仅两种金属相接可产生温差电动势，不同的半导体材料相接触、并存在温度差时也会产生温差电动势。金属的温差电动势较小，可以利用这一效应测量温度；半导体的温差电动势一般较大，可以用于温差发电，参见"实物演示：温差电效应"。

实物演示：
基尔霍夫定律

2. 电流可以产生温差吗？

当两种不同的导电材料接触时，在其中通入直流电流，则在材料接触点处会产生吸热放热的现象，这一效应称珀耳帖效应。这是因为不同材料中电子所处的能级不同，由高能级到低能级的时候电子损失能量以热量的形式放出，反之吸收热量。参见"实物演示：珀耳帖效应"。

实物演示：
RC电路

3. 什么是半导体的伏安特性？

按照物质的导电难易程度，可以把物质分为绝缘体（几乎不导电）、半导体（在一定条件下导电）、导体（导电且电阻不为零）和超导体（导电且电阻为零）几类。其中半导体是一类具有特殊导电性质的重要的电子材料。原则上说，含有半导体元件的电路中欧姆定律是不成立的。不过在讨论半导体的性质时，往往采用欧姆定律的变形形式来表示半导体元件的"电阻"。在不同时刻测量出加在半导体元件两端的电压及流经元件的电流，以电压为横坐标，电流为纵坐标，逐点记录各个电压值所对应的电流值，这样就可描绘出电流随电压变化的曲线来，称半导体元件的伏安特性曲线。曲线上每一点的切线斜率的倒数通常被当作是元件在此时的"电阻"，显然，半导体元件的电阻是随电压变化的量。事实上，半导体的"电阻"不仅随外加电压变化，还和半导体所处环境的温度、空气湿度、光照都密切相关。半导体的这些特性使其在现代电子技术中具有极其广泛的应用。

实物演示：
温差电效应

实物演示：
珀耳帖效应

4. 什么是超导体？

1911年荷兰物理学家昂内斯（K. Onnes）在实验中发现，当温度降低至4.2 K时，汞的电阻突然降为零。他指出汞进入了一个新的状态，并把这种物质状态命名为超导态，而把电阻发生突变的温度称为超导临界温度。此后科学家们又发现了锡、铅、铌等其他金属在超导临界温度下也转变为超导体。昂内斯还设计了著名的持久电流实验来演示超导现象的存在。他把铅制闭合线圈放进杜瓦瓶里,瓶外放一磁铁,然后把液氦倒入杜瓦瓶中使铅冷却成超导体,最后把瓶外的磁铁突然撤走,由于电磁感应原理,在铅线圈中产生了感生电流。如果是在正常金属中,这个感应电流很快就会衰减为零了。但是在超导线圈里的这个感应电流却在一年以上的时间里未见有衰减的迹象!后来人们用更精确的方法测量并推算,只要维持线圈在超导态,超导电流的衰减时间将不少于十万年!超导现象如此神奇,人们自然想到它的很多应用场景。例如用超导线圈制成电磁铁,是否可以用很小的电势差产生极强大的电流,从而获得超强的磁力呢?事实上这种方法是行不通的。实验发现,若超导体处于磁场中,当磁场小于某一临界值时,超导体电阻为零;而当磁场增加至临界值以上时,超导体的电阻突然出现,超导态被破坏而转变为正常态。称此临界值为超导体的临界磁场,它是温度的函数。即使无外加磁场,用超导体制成闭合线圈,当线圈中有电流流过时,线圈自身仍会在周围产生磁场。当电流超过一定值后,即电流产生的磁场达到临界磁场时,超导态便被破坏,称此时的电流值为超导体的临界电流。可见,超导线圈中的电流是不会无限增大的。

参 考 文 献

［1］赵凯华,陈熙谋. 电磁学. 3 版. 北京:高等教育出版社,2011.

［2］梁灿彬. 普通物理学教程:电磁学. 3 版. 北京:高等教育出版社,2012.

［3］赵凯华,陈熙谋. 新概念物理教程:电磁学. 2 版. 北京:高等教育出版社,2006.

［4］贾起民,郑永令,陈暨耀. 电磁学. 3 版. 北京:高等教育出版社,2010.

［5］贾瑞皋,薛庆忠. 电磁学. 2 版. 北京:高等教育出版社,2011.

［6］梁绍荣,刘昌年,盛正华. 普通物理学:电磁学 第三分册. 3 版. 北京:高等教育出版社,2005.

［7］POLLACK G L. Electromagnetism. 北京:高等教育出版社,2005.

［8］郭硕鸿. 电动力学. 3 版. 北京:高等教育出版社,2008.

［9］蔡圣善,朱耘,徐建军. 电动力学. 2 版. 北京:高等教育出版社,2002.

［10］胡友秋,程福臻,叶邦角,等. 电磁学与电动力学:上册. 2 版. 北京:科学出版社,2014.

［11］胡友秋,程福臻. 电磁学与电动力学:下册. 2 版. 北京:科学出版社,2014.

［12］JACKSON J D. Classical Electrodynamics. 北京:高等教育出版社,2004.

［13］钱临照,许良英. 世界著名科学家传记:物理学家 Ⅱ、Ⅲ、Ⅳ、Ⅴ. 北京:科学出版社,1995.

［14］宋德生,李国栋. 电磁学发展史. 南宁:广西人民出版社,1996.

［15］向义和. 物理学基本概念和基本定律溯源. 北京:高等教育出版社,1994.

［16］秦克诚. 方寸格致:邮票上的物理学史增订版. 北京:高等教育出版社,2014.

［17］贝尔. 数学大师:从芝诺到庞加莱. 徐源,译. 上海:上海科技教育出版社,2004.

第四章
人类光明的使者

> 光不但给人类带来了光明，也让世界变得五彩缤纷，而且光又是信息传递的载体，在通信、材料、医学、生命科学等各领域发挥着重要的作用。

本章概述图 4.1 所示的光现象规律的逻辑关系、发展历程以及实用性，以 AR 演示与实物演示等方式展现相关的基本规律及其应用实例。

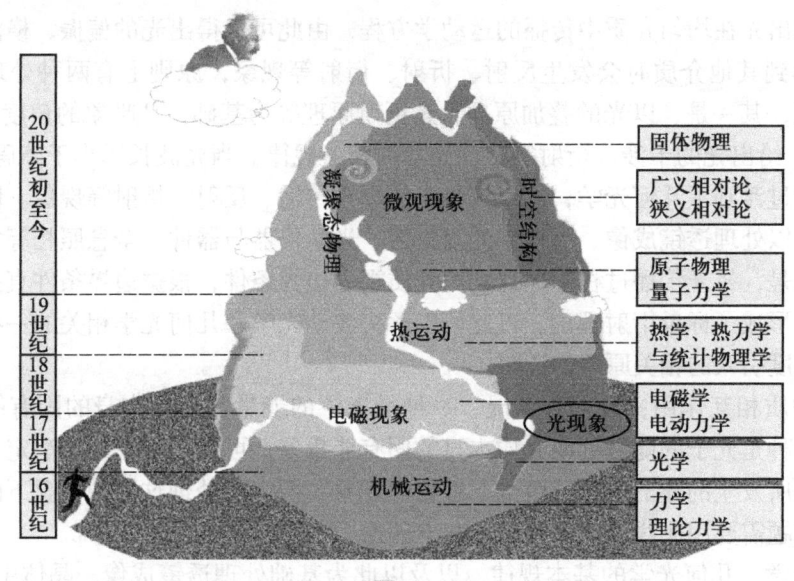

图 4.1

§4.1 光现象基本规律的逻辑性概述

光现象规律的逻辑体系导图如图 4.2 所示。光现象规律主要包括光的传播以及光与物质相互作用两个方面。光具有波动性和粒子性的双重属性，简称波粒二象性。光的波动性体现在波的传播方面，光的粒子性主要体现在光与物质相互作用时能量的不连续性。当光传播过程中遇到的障碍物的尺寸远远大于光波长时，光的传播又体现出光的传输粒子性特征。所以也可以把光的粒子性理

授课录像：
光现象基本规律的逻辑性概述

解成能量粒子性和传输粒子性两个方面。由于光的传输粒子性特征可以从波动性的极限情况导出，而能量的粒子性却是光本身的固有属性，因此，从独立性的角度而言，光的波粒二象性原则上应是传输波动性与能量粒子性的总称。

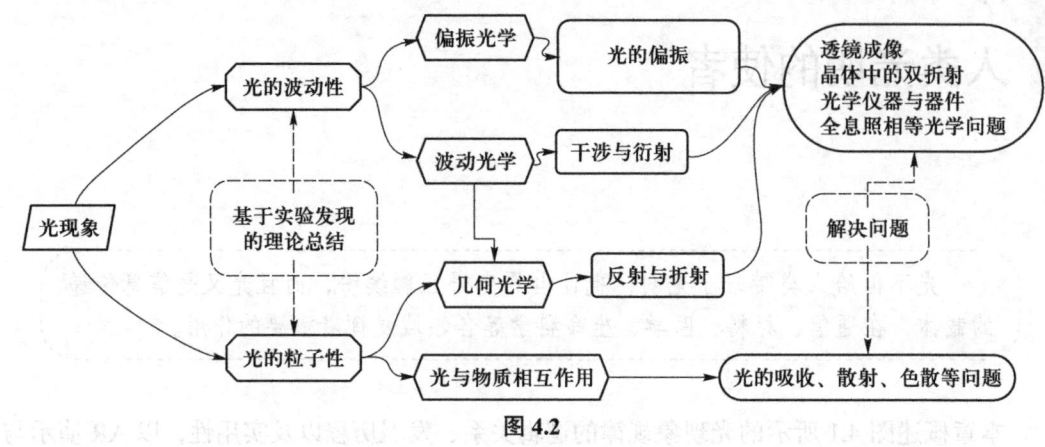

图 4.2

光的传播：光属于电磁波的一种，其传播规律遵从麦克斯韦方程组。由麦克斯韦方程组可以导出光在均匀介质中传播的运动学方程，由此可以得出光的偏振、横波等属性规律。当光遇到其他介质时会发生反射、折射、衍射等现象，原则上有两种处理方法解释这些光现象，其一是，以光的叠加原理、惠更斯原理等为基础，从唯象的角度（非从公式推导出的），给出光的干涉、衍射等波动光学的相关规律。当光波长远小于障碍物尺寸时，波动光学就过渡到了几何光学，可以解释光的直线传播、反射、折射等现象。以这些规律为基础，可以处理透镜成像、晶体中的双折射、光学仪器与器件、全息照相等实际的光学问题。其二是，将光传播过程中所遇到的介质视为边界条件，根据边界条件直接求解亥姆霍兹方程，形成了标量衍射理论。以此可以解决波动光学和几何光学相关的一些问题，包括以唯象角度引入的相关原理的证明。

光与物质相互作用：有两种情况。一种是光子的能量与介质本身的固有能量差相接近，另外一种是光子的能量远离介质本身的固有能量差。可以用唯象的方法定性地解释这两种情况下所发生的光的吸收、色散、散射等现象。而定量处理这两种情况下的光与物质相互作用问题需要用非线性光学和量子光学理论。

波动光学、几何光学的基本规律，以及以此为基础处理透镜成像、晶体中的双折射、光学仪器与器件、全息照相等实际光学问题，需要在光学的课程中学习；而更深一步的标量衍射理论需要在信息光学中学习。

较为详细的光现象规律的逻辑关系参见《物理学导论》（第三版）（张汉壮，倪牟翠，王磊. 物理学导论. 3 版. 北京：高等教育出版社，2019.）。

§4.2　光现象基本规律的发展历程概述

授课录像：
光现象领域
科学家导图

光现象规律体系的建立是于 18 世纪至 20 世纪初完成的，其理论形成的先后顺序是几何光学、波动光学、信息光学、量子光学。在光现象研究领域做出重要贡献的科学家的出生年代顺序、人物之间的关系及对光现象规律的贡献如图 4.3 所示。光现象规律的重要历史发展阶段如表 4.1 所示。在光现象研究领域做出重要贡献的科学家信息一览表如附录 4 所示。

表 4.1 光现象规律的重要历史发展阶段

年代	分段历史	重要科学家
17 世纪中叶以前	几何光学	墨翟、开普勒、斯涅耳、笛卡儿、费马、罗默、牛顿
1665—1865 年	波动光学	格里马第、胡克、巴托林纳斯、惠更斯、托马斯·杨、布儒斯特、菲涅耳、麦克斯韦
1905 年以后	光的波粒二象性	爱因斯坦、康普顿

针对光现象规律研究的发展历程概述如下：

4.2.1 几何光学

几何光学的早期研究可以追溯到古代。我国战国时期墨翟及弟子所著《墨经》有对光的直线传播、反射等的描述。古希腊欧几里得著有《反射光学》，研究了光的反射及凹面镜的聚光作用。在此后的两千多年中，人们不断观察和总结光现象与规律。光学的系统研究始于 17 世纪。1611 年，德国物理学家开普勒发现了全反射现象。荷兰物理学家斯涅耳和法国的笛卡儿分别在 1621 年和 1630 年将折射现象的观察结果总结为折射定律。1657 年，法国物理学家费马提出了最小时间原理，从理论上证明了反射定律和折射定律。1676 年丹麦天文学家罗默根据木星卫星食的推迟得到光速有限的结论。至此，几何光学的基本知识体系建立完成。与此同时，英国物理学家牛顿对光的反射、折射、衍射和色散现象也进行了系统研究。

授课录像：
几何光学发展简史概述

4.2.2 波动光学

光的本质一直是物理学界长久以来探讨的问题之一。17 世纪以前，以牛顿为代表的科学家认为光是一种粒子，即"光的微粒说"。光的微粒说可以解释几何光学现象。自 17 世纪中叶以来，出现了很多显示光的波动特性的研究发现，例如，1665 年意大利物理学家格里马第提出的光的衍射现象，1667 年英国物理学家胡克研究的薄膜干涉彩色现象，1669 年丹麦的巴托林纳斯发现光通过冰洲石的双折射现象，牛顿本人也做了著名的"牛顿环"实验等。此前的几何光学是无法解释这些现象的。于是，以英国物理学家胡克、荷兰物理学家惠更斯为代表的科学家们提出了"光的波动说"主张。基于解释光的衍射现象，荷兰科学家惠更斯于 1687 年提出了子波原理，即惠更斯原理，利用惠更斯原理不但可以解释此前几何光学所能解释的现象，还可以解释光的衍射现象。但由于惠更斯的光的波动说原理的不完善，以及牛顿在 17 世纪的巨大影响，使得在 18 世纪末之前，光的微粒说占据主导地位。英国物理学

授课录像：
波动光学发展简史概述

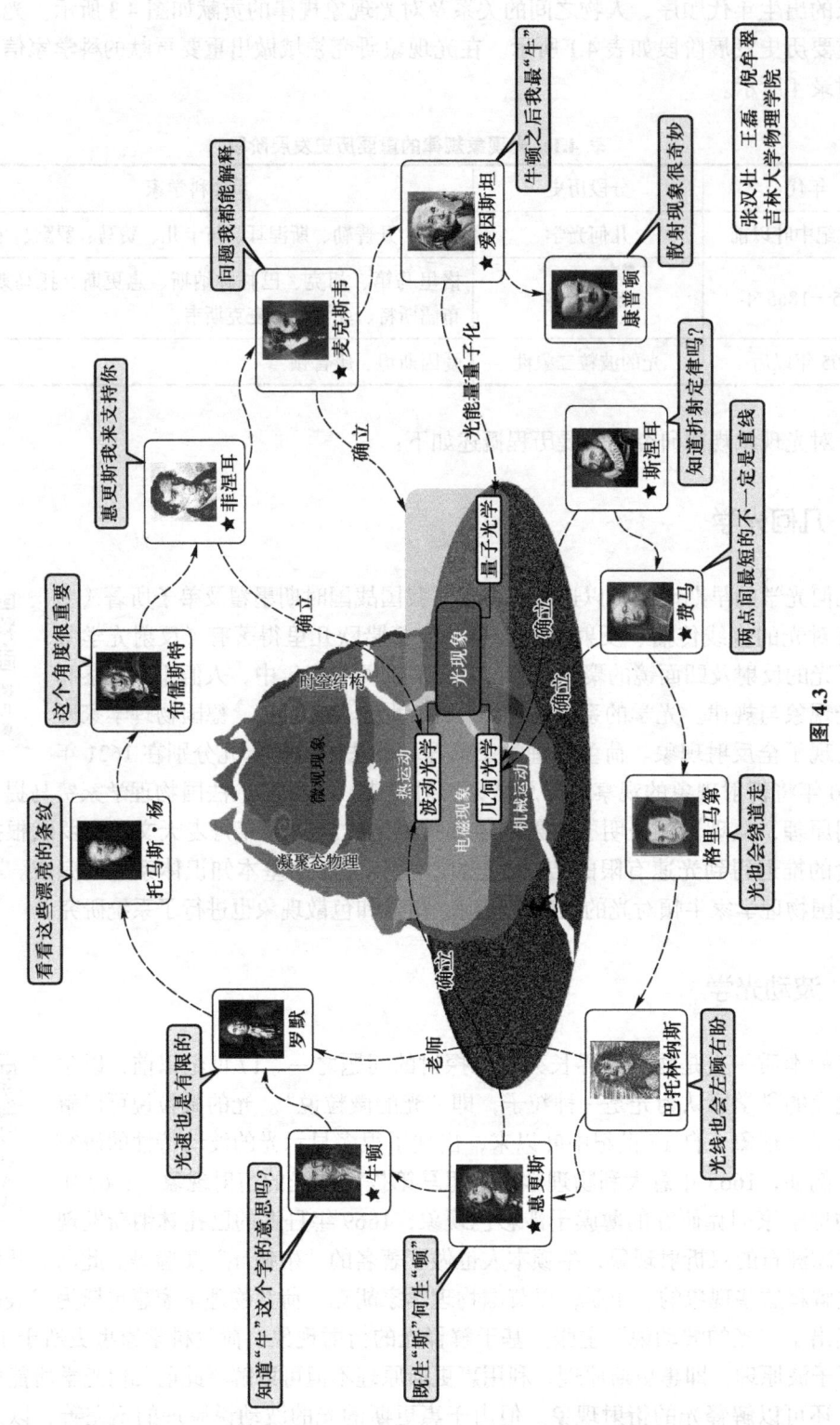

图 4.3

家托马斯·杨于 1801 年成功地实现了光的双缝干涉实验,在实验上验证了光的波动说。1816 年,法国物理学家菲涅耳在惠更斯的子波原理基础上,提出了惠更斯-菲涅耳原理,成功解释了衍射现象,建立了波动光学的理论基础。至此,光的波动说逐渐被人们认可,并占据了主导地位。

4.2.3 光的波粒二象性

1865 年,麦克斯韦方程组的建立将光和电磁现象统一起来,使人们对光的本质的认识向前迈出了一大步。19 世纪末至 20 世纪初,光学的研究深入到光与物质相互作用的微观机制中。光的电磁波动理论在解释光和物质相互作用的某些现象时遇到困难,例如,黑体辐射中的能量按照波长的分布问题,1887 年德国物理学家赫兹发现的光电效应问题。为此,人们重新研究光的属性。1900 年,德国物理学家普朗克提出辐射的能量量子化假说。这一假说圆满地解决了自 1859 年以来人们一直探讨的黑体辐射问题。1905 年,爱因斯坦依据能量量子化假说,提出光的能量量子化假说,即光量子假说,光量子简称光子。光量子假说成功地解释了光电效应问题,并被 1923 年的康普顿效应以及后来的其他实验所验证。

授课录像:光的波粒二象性发展简史概述

至此,人们一方面通过干涉、衍射和偏振等光学现象证实了光的波动性;另一方面通过黑体辐射、光电效应和康普顿效应等证实了光的粒子性。但此时的粒子性较早期几何光学的"微粒"的概念是有所区别的,即光不但可以看成粒子的传播,同时粒子的能量还是量子化的。为了将光的波动性和粒子性这两个看似矛盾的概念联系起来,1909 年爱因斯坦指出光的本质应该是"波动论和发射论的综合",即现在所说的波粒二象性。1924 年法国物理学家德布罗意在光的波粒二象性观点启发下,提出物质波假说,即每一物质的粒子都和一定的波相联系。1926 年德国犹太裔物理学家玻恩赋予物质波概率解释,即大量微观粒子的传输统计行为遵从波动规律,从而建立了有质量物质波粒二象性的物理图像。

§4.3　光学相关基本规律与人类生活

本节以表 4.2 所示问题为导向,以 AR 演示、实物演示等方法介绍光现象相关基本规律及其应用实例。

表 4.2　光学相关基本规律及其应用实例

规律分类		应用实例	演示资源
4.3.1 几何光学	4.3.1.1 光的直线传播规律	1. 小孔为何成倒立的像? 2. 什么是金星凌日、火星冲日? 3. 为什么会发生日全食、月全食现象? 4. 林间美丽的光柱、形影相随的影子、井底之蛙、激光笔及皮影戏等现象的原理是什么?	小孔成像(动画) 小孔成像(实物) 太阳系(AR) 物体的影子(动画)

续表

规律分类		应用实例	演示资源
4.3.1 几何光学	4.3.1.2 反射定律与折射定律	1. 平面镜、潜望镜、窥视无穷、万花筒的成像原理是什么？ 2. 阳燧为什么可以取火？ 3. 哈哈镜为何会使人的影像变形？ 4. 光纤为什么可以作为通信载体？ 5. 置于水碗中的筷子为什么看似弯折？ 6. 为什么会有"潭清疑水浅"的视觉？ 7. 霓和虹现象的区别是什么？ 8. 海市蜃楼现象是如何发生的？ 9. 人眼与眼镜的功能是什么？ 10. 墨镜都有哪些类型？ 11. 旋转字幕的形成原理是什么？	反射折射定律（动画） 棱镜光谱仪（动画） 色散现象（实物） 窥视无穷（实物） 万花筒（实物） 光学分形（实物） 球面魔镜（实物） 大型幻影仪（实物） 全反射（实物） 模拟光纤通信（实物） 光纤光路（动画） 筷子弯折（实物） 人眼模型（实物） 眼镜原理（AR） 投影（动画） 照相机（动画） 显微镜（动画） 放大镜（实物） 菲涅耳透镜（实物） 水柱面成像（实物） 旋转字幕球（实物）
4.3.2 波动光学	4.3.2.1 干涉、衍射、傅里叶变换	1. 双光源照射时一定会更亮吗？ 2. 肥皂泡、蝴蝶的翅膀以及柏油路上的油膜为什么会有彩色条纹？ 3. "佛光"是如何产生的？ 4. 有时为什么会闻其声而不见其人？ 5. 什么是全息照相技术？ 6. 为何观看穿条纹衣服的人运动时可能会有不适感？	杨氏双缝干涉原理（AR） 惠更斯–菲涅耳原理（动画） 杨氏双缝干涉（实物） 迈克耳孙干涉（实物） 法布里–珀罗干涉（实物） 单缝夫琅禾费衍射（实物） 单缝菲涅耳衍射（实物） 闪耀光栅（动画） 光栅光谱仪（动画） 光学仪器的分辨本领（动画） θ调制（实物） 肥皂泡薄膜干涉（实物） 散射光干涉（实物） 波带片成像与透镜成像对比（实物） 光学全息技术（实物） 莫尔条纹（实物）

§4.3 光学相关基本规律与人类生活

续表

规律分类		应用实例	演示资源
4.3.2 波动光学	4.3.2.2 偏振	1. 什么是动感画？ 2. 昆虫是如何定位的？ 3. 什么是光栅立体画？ 4. 看3D电影为什么要戴特殊的眼镜？ 5. 如何利用各向异性晶体进行光通信？	电磁波的产生与传播（AR） 起偏与检偏（实物） 穿墙而过（实物） 双折射现象（实物） 偏振光干涉（实物） 动感画（实物） 光栅立体画（实物） 红绿色立体画（实物） 3D原理（AR） 电光调制与激光通信（实物） 光弹效应（实物）
4.3.3 量子光学	4.3.3.1 光子的纠缠特性	1. 什么是量子保密通信？ 2. 什么是量子隐形传态	光的波粒二象性（AR）
	4.3.3.2 光与物质相互作用	1. 什么是激光？ 2. 人们为什么能够看到旭日、夕阳、蓝天、白云、蓝色的海水？	丁铎尔效应（实物）

4.3.1 几何光学

4.3.1.1 光的直线传播规律

经典物理理论认为，光在真空或者均匀介质里沿直线传播。广义相对论指出，在引力场中光线会发生偏折。光的直线传播规律相关的应用实例如下：

1. 小孔为何成倒立的像？

用一个带有小孔的板遮挡在屏幕与物之间，用光源从物的方向照向屏幕。屏幕上就会形成物的倒立的像，我们把这样的现象叫小孔成像，参见"动画演示：小孔成像""实物演示：小孔成像"。

2. 什么是金星凌日、火星冲日？

行星围绕太阳运动，按距离太阳由近至远的分布顺序是：水星、金星、地球、火星、木星、土星、天王星、海王星，参见"AR演示：太阳系"。以地球轨道为界，可分为地内行星和地外行星，地内行星会出现凌日现象，地外行星会出现冲日现象。每个行星绕太阳运动的轨道平面并不在同一个平面上，而是有一定的夹角。当金星运行到地球和太阳的中间，并恰好连成一条直线时，金星就挡住了照射地球的部分太阳光。从地球的角度观察，就可以看到一个小黑点缓慢经过太阳表面，这个现象就叫金星凌日。这种现象每个世纪能够发生两次。当地球运行到太阳与火星中间的时候，由于地球尺寸无法完全遮挡阳光，此时，火星接近地球并且正面被太阳完全照亮，火星会非常明亮，此

授课录像：
光的直线传播规律

动画演示：
小孔成像

实物演示：
小孔成像

AR演示：
太阳系

现象被称为火星冲日，上次火星冲日的时间是 2018 年 7 月 27 日，而火星冲日的周期约为 779 天。

3. 为什么会发生日全食、月全食现象？

月球是地球的卫星，一方面围绕地球转动，一方面又跟随地球一起围绕太阳转动。当月球恰好处于太阳和地球连线之间时，从地球上观察到太阳的一部分被月球遮挡，这就是日食。如果太阳整体被月球遮住，则称日全食。根据记录，地球上同一地点约三百年能够观测到一次日全食。由于月球本身不发光，而靠反射太阳光才会被我们看到，所以当地球处于太阳和月球连线之间时，月球因为被地球挡住太阳光而有一部分变暗，这就是月食。如果月球整体都接收不到太阳光，则称月全食。地球上同一地点大约三年能够观测到一次月全食。

4. 林间美丽的光柱、形影相随的影子、井底之蛙、激光笔及皮影戏等现象的原理是什么？

清晨，在枝叶繁茂的树林里，由于光的直线传播，大部分光被树叶遮挡传不进来，仅可以看见枝叶间透过一道道美丽的笔直光柱，这是由于空气中的尘埃散射形成的。

不透明物体在阳光照射下都会有影子，这个影子就是物体遮挡了沿直线传播的光线之后在另一侧形成的较暗区域，参见"动画演示：物体的影子"。

动画演示：
物体的影子

在井底下，我们看到外面只有井口那么大，也就是说，由于光的直线传播规律，只有井口这个范围的光才能照射进来，而其他位置的光线照不进来。

激光笔中的发光二极管发射出可见激光，利用光沿直线传播的性质，使用激光笔投映一个光点指向物体，可用于教学、汇报、导游等场合。但在艺术馆、动物园应避免使用激光笔。尤其要禁止用激光笔直接照射人的眼睛。

皮影戏是用兽皮或纸板做成的人物剪影以表演故事的民间艺术形式。利用光沿直线传播的性质，用光源将剪影投影在白色幕布上，艺人操控剪影活动，观众在幕布另一侧观看。

4.3.1.2 反射定律与折射定律

当一束光入射到两种透明、均匀和各向同性的介质分界面上的时候，将有一部分光反射，称为反射光；另一部分光透射，称为透射光或折射光。对于一束单色光，入射光线、反射光线和分界面上入射点的法线三者在同一平面内，反射角等于入射角，这一规律称反射定律；入射光线、折射光线和分界面上入射点的法线三者在同一平面内，入射角的正弦和折射角的正弦之比值等于折射方介质与入射方介质的折射率之比值，这一规律称折射定律。如果一束光中含有多种颜色成分，例如太阳光，反射光线仍满足反射定律，但是折射光中，由于不同颜色的光在介质中传播速度不同，相应的折射率也不同。每一种颜色的光各自按照折射定律在折射介质中传播，导致原来的一束光在折射介质中发生扩展，并呈现出彩色，这种现象称为光的色散。参见"动画演示：反射定律与折射定律""动画演示：棱镜光谱仪"以及"实物演示：色散现象"。光的反射定律与折射定律相关的应用实例列举如下：

授课录像：　　动画演示：　　动画演示：　　实物演示：
反射定律与　　反射定律与　　棱镜光谱仪　　色散现象
折射定律　　　折射定律

1. 平面镜、潜望镜、窥视无穷、万花筒的成像原理是什么？

平面镜是利用光的反射定律成像的。平面镜所成的像与原物体的大小相等。潜望镜是指从海面下伸出海面或从低洼坑道伸出地面，用以窥探海面或地面上活动的装置。其工作原理主要是利用两个反射镜使目标物体光线经两次反射而射入观察者的眼中。通过两个平面镜叠放，将一立体图像反复反射成像，从而使人们直观感受到无有穷尽，称为"窥视无穷"，参见"实物演示：窥视无穷"。万花筒是一种光学玩具，由三块相同的平面镜镜面向内组成三棱柱，在其中放入一些反光的彩色小薄片物体，经过三个镜面的多次反射，就会形成五彩缤纷的图案。万花筒的图案具有高度的对称性，图案的各部分具有相似形状，这也是一种光学分形现象，参见"实物演示：万花筒""实物演示：光学分形"。

实物演示：
窥视无穷

实物演示：
万花筒

2. 阳燧为什么可以取火？

阳燧是我国西周时期古人发明的利用太阳光取火的工具。阳燧是一种近球面形的青铜镜，当用它的凹面对着阳光时，经凹面反射的太阳光线能够会聚到一个很小的区域。将艾绒等易燃物品放在阳燧的会聚点时，其很快就会被点燃。利用凹面镜还可以成像，参见"球面魔镜""大型幻影仪"的实物演示。

实物演示：
光学分形

3. 哈哈镜为何会使人的影像变形？

商场或游乐场常常会摆放一些哈哈镜。当人站到哈哈镜前时，会发现自己在镜中的影像变得扭曲滑稽，因而忍俊不禁。普通的平面反射镜能够真实地反映出人的样貌，而哈哈镜的反射面则有意做成凹凸不平的，因而引起不规则的光线反射，形成的像也就变得出乎人们意料了。

实物演示：
球面魔镜

4. 光纤为什么可以作为通信载体？

当光入射到两种介质的界面时，一般情况会发生反射和透射，反射光和透射光分别满足反射定律和折射定律。但当光从折射率较大的介质入射到折射率较小的介质，且入射角满足一定的条件时，仅有反射光线而没有透射光线，这种现象称为全反射。光纤通信就是利用了全反射的现象。制作光纤的二氧化硅材料的折射率比空气大得多。使光以满足全反射条件的入射角进入光纤，这样当光传输到光纤与空气的界面时，就会由于全反射而保持在光纤内传输，不会透射到空气中。利用光纤作为通信载体，可以长距离传输信息而损耗很小，并且防止由于透射而导致的信息泄露。参见"全反射""模拟光纤通信"的实物演示以及"光纤光路"的动画演示。

实物演示：
大型幻影仪

实物演示：
全反射

5. 置于水碗中的筷子为什么看似弯折？

把筷子放到盛着清水的碗中，从水面上看，感到筷子似乎弯折了。这是光的折射现象加上人的视觉特点造成的。从均匀空气中的筷子上各点出发的光线按照相同的透射规律传到人眼中，人的视觉感到筷子是直的。当筷子一部分放入水中，一部分留在空气中时，从水中筷子上各点出发的光线，遇到水与空气的界面时会发生折射，传输方向发生了改变。人看到光线时，会认为物体处在光线的反向延长线位置，于是会感到水中这段筷子与空气中那段的方向不同，

实物演示：
模拟光纤通信

动画演示：
光纤光路

实物演示：
筷子弯折

筷子似乎发生了"弯折"，参见"实物演示：筷子弯折"。

6. 为什么会有"潭清疑水浅"的视觉？

"潭清"表明水很清，里面没有杂物，使人能够看到水底。此时和筷子弯折的道理一样，人的视觉感到的水的深度和实际水深是不一样的，这就是折射定律的体现。如果水比较浑浊，从水中出发的光线里散射光所占的比例较大，就不会产生这种视觉现象了。

7. 霓和虹现象的区别是什么？

雨后初晴的天空常常出现美丽的彩虹，用光学原理可以更好地理解这一自然现象。阳光是由红橙黄绿青蓝紫等多种颜色的光合成的。雨后的空气中含有大量的小水滴。当一束阳光照射到空气中的小水滴表面时，会发生折射和反射过程。由于不同颜色的光线在水中的折射角度不同，从水滴中出射的方向也就有所差别，这样一束光线就会展宽成红橙黄绿青蓝紫等多种颜色的彩带，这就是雨后天空中出现的霓虹景观。虹和霓往往同时出现在天空，其中清晰明亮的称虹，比较浅暗的称霓。仔细观察还可发现，虹的色彩排列是从上到下依次显现红色到紫色，而霓则刚好相反。这是因为虹是阳光进入水滴后，经过一次反射即透射出来的光线形成的，而霓是阳光进入水滴后经过两次反射才透射出来的光线形成的。所以，霓比虹要浅暗得多。

8. 海市蜃楼现象是如何发生的？

有时候在海面上会看到类似建筑物的景象，在沙漠中会看到类似海的景象——"魔鬼的海"，这种景象并不是真实的物体，我们把它称为海市蜃楼。海市蜃楼是由光的折射造成的。在海面上，由于水的蒸发和日照的作用等原因，气温随高度的增加而逐渐升高。这导致高处的空气扩散比低处更快，折射率则比低处小。在平静的海面上，随高度增加空气的折射率是越来越小的。根据折射定律可以推知，在折射率逐渐变化的介质中，光线不再沿直线传播，而是会向折射率较大的一侧逐渐弯折。假如在海岸附近的地面上有一个景物，由于海岸上其他物体的遮挡，海上的人看不到这个景物。但是当海面上空气折射率随高度变化时，由景物出发向海面上方传播的光线逐渐向下弯折，就有可能绕过遮挡物而被海上的人所看到，这就是海市蜃楼景象。由于这个景象在实际景物的上方，所以也称为上蜃景。在沙漠上，越靠近沙漠表面的温度越高，因此空气折射率变化方向与海面恰好相反。根据类似的道理，沙漠上的人有时会看到远处的景物，似乎就在附近的低处，称为下蜃景。"魔鬼的海"实际就是蓝天形成的下蜃景。有时候在平直的马路上，可以看到远处的路面形成类似镜面反射的景象，其道理也是类似的。

9. 人眼与眼镜的功能是什么？

人的眼睛的晶状体相当于一个凸透镜。按照凸透镜成像原理，物体散射的光线进入人眼后，在人眼底的视网膜上形成倒立的实像。人的视神经系统将刺激信号传入大脑后，再依据经验还原成正立的视感觉，参见"实物演示：人眼模型"。正常人在观察不同距离的物体时，会调整自己眼睛晶状体的形状，使物体通过晶状体所成的像恰好落在视网膜上，以便能看清物体。当眼睛调整晶状体形状的能力变差时，就会看不清物体，发生视力下降。眼镜能够帮助人矫正视力，从而看清物体。典型的视力下降现象有近视和远视。发生近视时，通过晶状体的光线会聚在视网膜前面某点，需要戴上凹透镜眼镜加以矫正；发生远视时，通过晶状体的光线会聚在视网膜后面，需要佩戴凸透镜眼镜加以矫正。参见

"AR 演示：眼镜原理""动画演示：投影""动画演示：照相机""动画演示：显微镜""实物演示：放大镜""实物演示：菲涅耳透镜""实物演示：水柱面镜成像"。

实物演示：人眼模型　　AR 演示：眼镜原理　　动画演示：投影　　动画演示：照相机　　动画演示：显微镜　　实物演示：放大镜　　实物演示：菲涅耳透镜　　实物演示：水柱面镜成像

10. 墨镜都有哪些类型？

墨镜是指一类特殊的眼镜，主要作用是减弱进入眼中的光强，达到在强光环境下保护眼睛的目的。墨镜从外部看起来颜色偏暗，有时也作为装饰或表演用。常见的墨镜有变色墨镜、镀膜墨镜及偏光墨镜等。变色墨镜中掺杂了特殊的吸光材料，例如卤化银和氧化铜微粒。卤化银通常是无色透明的，遇到较强的紫外线照射时会分解成深色的银，于是眼镜由透明变成深色；当光强变弱时，银和氧化铜微粒又会合成无色的卤化银，眼镜恢复透明。因此变色墨镜既可以在室内保持通光性，又可以在室外实现防护作用。镀膜墨镜通过在镜片镀金属薄膜，以实现对不同波长光的增透或增反效果。偏光墨镜利用了光的偏振原理。太阳光含有各个方向的光振动，经物体反射后成为部分偏振的光，即沿某一特定方向振动的光最强。如果适当设计太阳镜的偏振方向，使其仅允许与上述偏振方向相垂直的光通过，则大部分强烈的反光将不能通过镜片进入眼睛，入射到人眼的光强变弱，从而达到防护的目的。

11. 旋转字幕的形成原理是什么？

物体在视网膜上所成的像经视神经传入大脑需要一定的时间。并且，当到达视网膜的光线消失后，视觉仍能保留一段时间，这称为视觉暂留现象。利用视觉暂留现象，可以解释人在观看电影、动画或走马灯时获得的连续动作的视觉。用一列发光二极管以一定的速度旋转，同时按照设计程序控制每个发光二极管的明暗，就可以在转动的球面上显示出一串文字来，即形成了旋转字幕，参见"实物演示：旋转字幕球"。

实物演示：旋转字幕球

4.3.2 波动光学

4.3.2.1 干涉、衍射、傅里叶变换

波动光学理论认为，光的本质是电磁波，引起人的视觉及使照相底片感光的主要是电场强度矢量，因此通常把光的电场强度矢量称为光矢量。光矢量的振动频率决定了光的波长，也即光的颜色；光矢量的振动方向垂直于光的传播方向，且沿着传播方向相位逐渐递减。光每传播一个波长的距离，光矢量的相位变化经过一个周期。当由不同光源发出的两束光在空间某一区域相遇时，相遇区域中某一点的光强由两束光传播到该点的光矢量之和决定。一般情况下，每束光中都包含了大量的光矢量振动，它们的频率、方向是无规则的，相位是彼此无关联的，所以相遇区域的光强等于两束光的光强之和。但是在一些特殊条件下，例如两束光的光矢量频率

授课录像：干涉、衍射、傅里叶变换

相同，振动方向相同，并且有固定的相位差时，相遇区域会出现有些点光强始终增强，有些点光强始终减弱的现象。这时在相遇区域会观察到明暗相间的稳定的条纹，这一现象称为光的干涉。要满足光的干涉条件，一般是将同一光源发出的一束光设法分开，使它们分别经过不同的路径后再会合到同一区域，参见"AR演示：杨氏双缝干涉原理""动画演示：惠更斯–菲涅耳原理"以及"杨氏双缝干涉""迈克耳孙干涉""法布里–珀罗干涉"的实物演示。

AR演示：杨氏双缝干涉原理　动画演示：惠更斯–菲涅耳原理　实物演示：杨氏双缝干涉　实物演示：迈克耳孙干涉　实物演示：法布里–珀罗干涉

当光波长与传播过程中所遇到的物体尺寸相接近时所发生的光偏离直线传播，并且光强在空间分布不均匀的现象，称为衍射现象，参见"单缝夫琅禾费衍射""单缝菲涅耳衍射"的实物演示。

光波遇到物体后，波前的形式会发生变化，而傅里叶变换光学研究的就是入射波前与出射波前之间的对应关系，它是对干涉理论与衍射理论的一种综合应用。傅里叶变换光学在光谱学、计算光学、光学成像分析等领域有着重要的应用。透镜系统是一种最常见的傅里叶变换系统。参见"闪耀光栅""光栅光谱仪""光学仪器的分辨本领"的动画演示，以及"θ调制"的实物演示。光的干涉、衍射及傅里叶变换的相关应用实例列举如下：

实物演示：单缝夫琅禾费衍射　实物演示：单缝菲涅耳衍射　动画演示：闪耀光栅　动画演示：光栅光谱仪　动画演示：光学仪器的分辨本领　实物演示：θ调制

1. 双光源照射时一定会更亮吗？

在日常生活中，当我们希望环境更明亮时，会采用增加光源数量的方法。两束光照射是不是一定比一束光更亮呢？对于普通光源确实是这样的。不过，光的干涉理论告诉我们，如果两束光满足干涉条件，则它们相遇区域的光强，会出现有些地方相长，另一些地方相消的现象。这时双光源照射的效果就不一定比原来更亮。

2. 肥皂泡、蝴蝶的翅膀以及柏油路上的油膜为什么会有彩色条纹？

肥皂泡是一层薄薄的水膜，当阳光照射在水膜上时，经上表面和下表面反射的阳光相遇时会发生干涉。由于阳光中含有从紫光到红光等多种波长的光，且薄膜厚度不均匀，不同颜色的光矢量干涉加强的位置不同，因此我们会看到肥皂泡上的彩色条纹，参见"实物演示：肥皂泡薄膜干涉"。蝴蝶的翅膀及雨天后柏油路上铺开的油膜表面呈现彩色图案，也是同样的道理。

实物演示：肥皂泡薄膜干涉

3. "佛光"是如何产生的？

自然界有时会出现传说的"佛光"现象，即看上去人或物四周围绕着彩色光环，令观者称奇。这其实是一种特殊的物理现象，叫作日晕。日光通过含有大量冰晶的云层时，受到冰晶的折射或反射而分散向不同方向，且各种颜色折射的方向不同，于是形成独特的彩色光环。在我国四川峨眉山经常会出现日晕这种自然现象。参见"实物演示：散射光干涉"。

4. 有时为什么会闻其声而不见其人？

衍射是波动的基本属性之一，即波在传播过程中遇到障碍物时，偏离原来的前进方向而绕向障碍物后方继续传播的现象。波发生衍射时偏离的程度与它的波长成正比。例如，声波的波长大约为几厘米到十几米，因此声波可以绕过十几米的障碍物，被其后方的人听到；光波的波长为零点几微米，或者说万分之几毫米，因此仅当障碍物尺度小于一毫米时，才可能观察到明显的衍射现象。有时候我们听到周围有讲话的声音，却没有见到人，就是因为人被其他物体遮挡住了，而声音能够绕过物体传到我们耳中。利用衍射还能形成类似透镜的效果，参见"实物演示：波带片成像与透镜成像对比"。

实物演示：散射光干涉

实物演示：波带片成像与透镜成像对比

5. 什么是光学全息技术？

普通的光学摄像只记录物体影像的振幅信息，而光学全息技术可以同时记录物体影像的振幅和相位信息，达到影像的全息记录的目的。全息技术基于光学干涉的原理，主要分为记录和重现两个过程。记录过程利用物光和参考光的干涉，在胶片上记录干涉条纹。重现过程利用参考光照射胶片，就可以形成全息影像，参见"实物演示：光学全息技术"。光学全息技术被广泛应用于三维立体显示、防伪、光学存储等领域。

实物演示：光学全息技术

6. 为何观看穿条纹衣服的人运动时可能会有不适感？

如果我们身边有一位穿着细条纹衣服的人在活动，当我们仔细注视他（她）的衣服时，可能会感到头晕、不适。这是因为当条纹移动或观察者眼睛轻微移动时，视觉暂留现象就会在观察者眼中形成一种称为"莫尔条纹"的图案。不断变换的莫尔条纹会引起眩晕的感觉。彼此平行、间距较密的一组线条构成一个格栅。当两个格栅叠放在一起且相互错开很小的角度时，人的视觉将无法分辨原来的线条，而仅能看到两组线条干涉后形成的条纹，即莫尔条纹。莫尔条纹的间距比形成它的原来的线条间距大得多，或者说，莫尔条纹具有放大作用。利用这一特点可以在印刷、纺织等领域测量细小的间隔。用手机对着电脑的显示屏幕拍一张照片，会发现照片中出现一些屏幕上看不到的波纹，这是由电脑屏幕刷新率导致的莫尔条纹。参见"实物演示：莫尔条纹"。

实物演示：莫尔条纹

4.3.2.2 偏振

太阳光或普通光源发出的光，其光矢量的振动方向是均匀的。也就是说，在与传播方向垂直的平面上，各个方向的光矢量振动均等，能量平均地分配在平面内所有方向上。当光经过反射、折射或通过偏振片时，光矢量振动不再是均匀的，而是在某一方向的振动最强，在与此垂直的方向振动最弱，甚至可能为零。这种现象称为偏振，相应的光称为偏振光。偏振是横波特有的性质。偏振片是只允许沿某个方向振动的光矢量通过，而将与此方向垂直的光振动吸收的光学元

授课录像：偏振

件。利用偏振片可以控制光强的大小，改变光的偏振性质，或者检验光的偏振方向。参见"AR 演示：电磁波的产生与传播"以及"实物演示：起偏与检偏""实物演示：穿墙而过"。

AR 演示：电磁波的产生与传播

自然界存在一种特殊的晶体，当光折射进入这类特殊晶体时，会分裂成两束。其中一束光与入射光之间符合折射定律的规律，称为寻常光线；而另一束则不符合折射定律，称为非寻常光。相应的晶体称双折射晶体。实验表明，寻常光和非寻常光都是偏振的。请参见"实物演示：双折射现象""实物演示：偏振光干涉"。光的偏振的相关应用实例列举如下：

实物演示：起偏与检偏

1. 什么是动感画？

有一类新颖的装饰画，画面上的河流、瀑布等风景看起来像是真的在流动似的。其实这是利用了偏振片的透光特性造成的视觉效果。由光的偏振理论，当一束自然光通过两个叠放在一起的偏振片后，透射光的强度由两个偏振片的透光轴夹角决定。当夹角等于零时，透射光最强；随着夹角的增大透射光强逐渐减小，至夹角等于 90° 时透射光强等于零。一组动感画包含若干层，从后向前依次是光源、由电机带动的旋转偏振片、固定偏振片、主画，其中固定偏振片由一系列偏振角度随位置成周期性的小偏振片并列排布组成。例如，以瀑布为题的主画，它的水流部分是半透明的。由光源发出的照明光依次经过两个偏振片后，照射到主画上。随着其中一个偏振片在电机的带动下匀速旋转，两个偏振片偏振方向一致部分会出现透光极强，由于固定偏振片的周期性结构，透光极强位置依次发生移动，就会产生水在流动的视觉效果了，参见"实物演示：动感画"。

实物演示：穿墙而过

实物演示：双折射现象

实物演示：偏振光干涉

2. 昆虫是如何定位的？

蜜蜂、蚂蚁等具有复眼的昆虫，具有识别偏振光的能力，能依据自然光照为自己导航。太阳光进入地球的大气层后，一部分因遇到其中的气溶胶或微小颗粒而发生散射。这些散射光是偏振光。人类的眼睛无法识别偏振光，但是很多昆虫却能轻易地看到天空中的偏振光，进而判断自身与太阳的位置关系，就能随时知道自己的位置了。

实物演示：动感画

3. 什么是光栅立体画？

立体视觉主要源于人的双眼效应，即双眼所见物体的角度不同，在视网膜上形成两幅不完全相同的图像，经过大脑综合分析后，就能分辨物体的前后位置，从而产生立体视觉。仿照双眼效应，可以实现立体影像技术。参见"实物演示：光栅立体画""实物演示：红绿色立体画"。

实物演示：光栅立体画

4. 看 3D 电影为什么要戴特殊的眼镜？

立体电影的拍摄采用两部摄像机，分别从不同角度拍摄两个影像，相当于人的左右眼分别观察到的图像。放映时，由两部放映机同时进行放映，放映机前加上偏振片，形成偏振影像，银幕上显示的是两部放映机投影叠在一起的图像，看起来模糊不清。当戴上用两个偏振方向相互垂直的偏振片制成的眼镜时，两只眼睛看到的影像的拍摄角度不同，这样，在视网膜上形成的图像与用眼睛直接观察物体的原理类似，因此，人会看到惟妙惟肖的立体图像，参见

实物演示：红绿色立体画

"AR 演示：3D 原理"。

5. 如何利用各向异性晶体进行光通信？

目前光信号传输过程主要依赖于光纤，而光信号的生成主要依赖于电光调制。目前各种终端设备仍以电子设备为主，所以任何信号要通过光纤传输首先就要经过电光调制，电光调制的主要原理是把需要调制的电信号加载到入射光的振幅、相位、偏振等参量上，从而达到信号转换的目的。有一种较成熟的调制过程是利用特殊的电光晶体实现的，例如铌酸锂晶体、砷化镓晶体等，这些晶体在外加电压下，会由单轴晶体向双轴晶体转变，同时晶体折射率受外加电场的调制，从而改变入射光的偏振状态。这种效应被称为泡克耳斯效应，再配合偏振片就可以达到强度的调制的目的，参见"实物演示：电光调制与激光通信"。另外各向同性的透明材料在外界环境的影响下也会出现各向异性的现象，在偏振片作用下可以显现干涉条纹，利用这种效应可以检测机械结构的应力分布情况，参见"实物演示：光弹效应"。

AR 演示：
3D 原理

实物演示：
电光调制与
激光通信

实物演示：
光弹效应

4.3.3 量子光学

4.3.3.1 光子的纠缠特性

18 世纪末之前，光的微粒说占主导地位；19 世纪初，光的波动说占主导地位；20 世纪以来，光的波粒二象性逐渐被认可，参见"AR 演示：光的波粒二象性"。20 世纪初量子力学的进展，使爱因斯坦意识到光的能量的分立性，提出光电效应方程，后被实验证实，说明光具有粒子性。光子的纠缠特性相关应用实例列举如下：

1. 什么是量子保密通信？

1984 年，研究者们提出了一种基于单光子的无条件保密密钥分发的方案，称为 BB84 协议。该方案将分发密钥编码在 4 种非正交线偏振的单光子上，基于测不准原理和量子不可克隆原理，当存在窃听者时，一定会破坏原来编码状态，从而保证了分发密钥的绝对安全性。

授课录像：
光子的纠缠
特性

AR 演示：
光的波粒二
象性

2. 什么是量子隐形传态？

量子隐形传态是一种传递量子状态的基本方式。在量子隐形传态中，相距两地的通信双方首先分享一对纠缠粒子。然后，发送方将待传送的、携带量子信息的粒子和自己手里的纠缠粒子进行联合测量，并将测量的结果告知接收方。此时接收方的纠缠粒子由于其特性变化到特定状态。这种变化不伴随经典信息的传输，因而不会被其他人探测到。接收方根据测量的结果对自己的纠缠粒子进行相应的量子化操作，从而获得发送方想要传送的量子状态。量子隐形传态实验是实现通信安全的重大进步。

4.3.3.2 光与物质相互作用

光通过介质时，除了会发生反射、折射现象外，还会出现吸收、散射等利用光的经典理论无法解释的现象。光的量子理论可以很好地解释这些现象。当光子的能量与微观粒子能量接近时，光与物质相互作用就会出现辐射、吸

授课录像：
光与物质相
互作用

实物演示：
丁铎尔效应

收、散射等现象。参见"实物演示：丁铎尔效应"。光与物质相互作用的相关应用实例列举如下：

1. 什么是激光？

组成物质的原子或分子等微观粒子中的电子，在正常状态下处于低能级。当外界条件改变时，如温度升高，有其他光的照射或电的作用等，电子吸收外界能量就会从低能级跃迁至高能级。由于高能级的不稳定，所以处于高能级的电子就会向低能级回落，并伴随光子的产生，这是物质发光的主要机理。一般情况下，不同的粒子中的电子从高能级回落低能级的行为是彼此无关的，大量微观粒子所发出的光是等概率传播的，发光的强度也较弱。但如果设法让发光的粒子同步发光，就可以控制大量微观粒子发光的整体方向，使发光强度大大增加，从而产生激光。

2. 人们为什么能够看到旭日、夕阳、蓝天、白云、蓝色的海水？

物质对光的散射有多种形式，有的散射会改变入射光的波长，而有些不会。在不改变光波长的散射中，有瑞利散射和米氏散射两种典型：瑞利散射的光强与入射光波长的四次方成反比，亦即波长越短（对应蓝、紫色的光），散射强度越大；米氏散射的光强与入射波长无关，亦即各种波长的光等概率散射。由此我们可以推知，在人眼所看到的太阳散射光中，如果瑞利散射光的成分多，就会呈现蓝色；如果米氏散射光的成分多，就会呈现白色。瑞利散射发生在小颗粒物质条件下，米氏散射发生在大颗粒物质条件下，由这些原理我们可以定性解释旭日和夕阳、蓝天和白云、蔚蓝的海水等景色。

天气晴朗时，天空中主要存在的是组成大气的分子。对于光的散射来说，大气分子属于小颗粒物质，因此，阳光经过大气分子后，主要发生的是瑞利散射，蓝色光谱成分被散射掉了，透射光以红色光谱成分居多。人们日常看到的天空呈现蓝色，即蓝天，这是由于以非直视太阳的方向观测，见到的主要是散射光。刚下过雨后的大气中的大颗粒物质受雨水冲刷减少，瑞利散射效果增强，所以人们雨后看到的天空更蓝。旭日和夕阳呈现红色是由于人眼沿着直视太阳的方向观测，以透射光为主。人们观测中午的太阳也以透射光为主，但太阳所呈现的颜色却与旭日和夕阳不同。这是因为太阳光在早晚和中午穿过大气层的厚度、空气浓度不同，导致的散射光强度不同。在空气浓度相同的条件下，太阳光在早晚穿过的大气层更长，散射光成分更多。因此，在晴朗的天气里，早晚的天空会更蓝。

水蒸气在天空凝结，形成液滴的聚集体，即产生云。当阳光照射这些液滴时，发生的是米氏散射。各种波长的光受到等强度散射，因此人们看到的云朵呈现白色。

太阳光与纯净的海水相互作用时，发生的主要是瑞利散射，我们看到的海水的反射光以蓝色波长成分居多，因此海水呈现蓝色。世界有的地方的海水呈现红色和黑色等是因为海水中掺杂了不同的杂质。

参 考 文 献

［1］姚启钧. 光学教程. 5版. 北京：高等教育出版社，2014.

［2］母国光，战元龄. 光学. 2版. 北京：高等教育出版社，2009.

［3］赵凯华. 新概念物理教程：光学. 北京：高等教育出版社，2004.

[4] 郭永康. 光学. 2版. 北京：高等教育出版社，2012.
[5] 章志鸣，沈元华，陈惠芬. 光学. 3版. 北京：高等教育出版社，2010.
[6] 梁绍荣，刘昌年，盛正华. 普通物理学·光学：第三分册. 3版. 北京：高等教育出版社，2005.
[7] 张存林. 光学. 4版. 北京：高等教育出版社，2005.
[8] 梅森. 自然科学史. 周煦良，等译. 上海：上海译文出版社，1980.
[9] 郭奕玲，沈慧君. 物理学史. 2版. 北京：清华大学出版社，2005.
[10] 甲先申. 物理学史教程. 长沙：湖南人民出版社，1987.
[11] 宣焕灿. 天文学史. 北京：高等教育出版社，1992.
[12] 秦克诚. 方寸格致：邮票上的物理学史增订版. 北京：高等教育出版社，2014.
[13] 玻恩，沃耳夫. 光学原理. 杨葭荪，译. 北京：电子工业出版社，2009.

第五章
台阶主导的世界

> 以不同速度发射的炮弹相应具有不同的能量，发射的速度可以是任意的，因此，炮弹的能量和运动轨迹可以是连续的。而在微观的世界里，粒子的运动轨迹并不连续，其能量在很多情况下也是以分立形式存在，称为量子化现象。如果把连续比喻为斜坡，将分立比喻为台阶的话，可以说，宏观的世界是一个斜坡加台阶的世界，而微观现象领域则是由台阶主导的世界。

本章概述图 5.1 所示的微观现象规律的逻辑关系、发展历程以及实用性，以 AR 演示与实物演示等方式展现相关的基本规律及其应用实例。

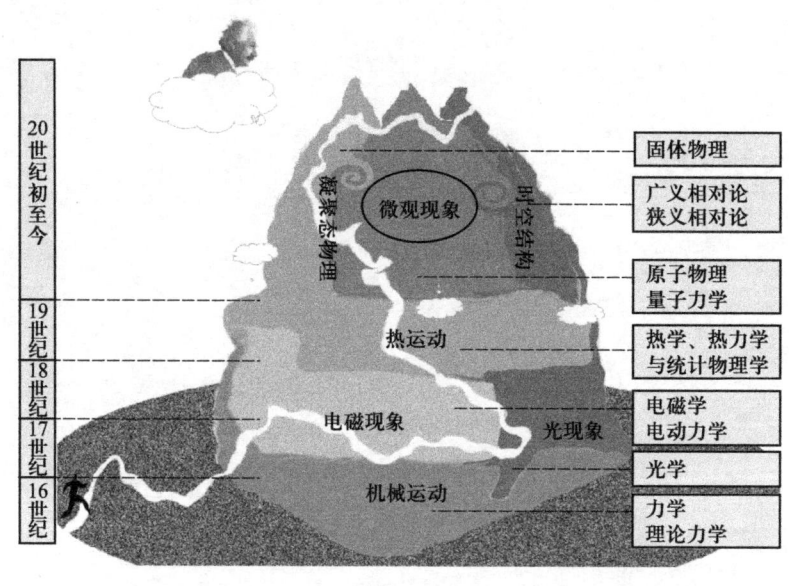

图 5.1

授课录像：微观现象基本规律的逻辑性概述

§5.1 微观现象基本规律的逻辑性概述

微观现象基本规律的逻辑体系导图如图 5.2 所示。微观现象基本规律包括物质的微观结构以及微观粒子的运动两方面。所形成的理论分别为半经典量子理论和量子理论，对应的课程体系分别为原子物理学和量子力学。

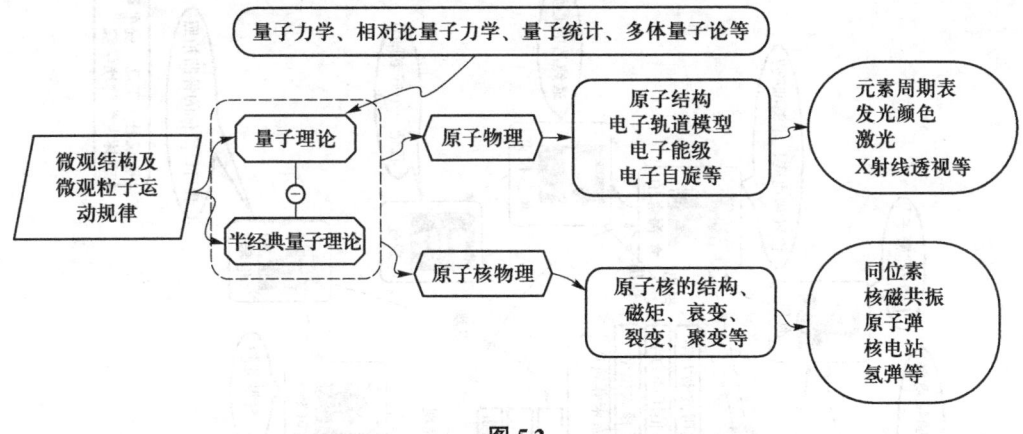

图 5.2

半经典量子理论属于一种不完善的理论，它是基于经典的原理，加上量子假设形成的，以 X 射线、放射性元素、电子等微观粒子等的发现为基础，针对原子的结构问题建立了原子的核式结构模型；针对原子内电子的运动轨道问题，建立了玻尔 – 索末菲轨道模型。量子理论则是处理微观粒子运动规律的准确而完善的理论，其中最基本的理论是量子力学。量子力学可以分为海森伯矩阵力学和薛定谔波动力学。前者从微观粒子的能量量子化以及概率性测量角度形成；后者则是受波粒二象性的启发，通过德布罗意物质波的提出，最后发展而成的。两者在理论上是等价的。量子力学的狄拉克表述从物理本质上给予了海森伯矩阵力学和薛定谔波动力学更进一步的解释，是更一般化的量子力学表述形式，也是进一步建立相对论量子力学及量子场论等理论体系的基础。

由于从波动角度给出的薛定谔方程表示形式简单，物理图像清晰，容易被人们接受，而海森伯矩阵力学用了较多的数学手段，因此，在大部分的教材中是以薛定谔的波动力学方式介绍量子力学原理的。

较为详细的微观现象规律的逻辑关系参见《物理学导论》(第三版)(张汉壮，倪牟翠，王磊. 物理学导论. 3 版. 北京：高等教育出版社，2019.)。

§5.2 微观现象基本规律的发展历程概述

微观现象基本规律体系的建立是于 20 世纪初开始逐步完成的。微观现象基本规律形成的先后顺序依次是微观粒子的发现与原子结构的确立、半经典量子理论、量子理论。在微观现象的研究领域做出重要贡献的科学家的出生年代顺序、人物之间的关系及贡献如图 5.3 所示。微观现象规律的重要历史发展阶段如表 5.1 所示。在微观现象研究领域中做出重要贡献的科学家信息一览表如附录 5 所示。

授课录像：
微观现象领域科学家导图

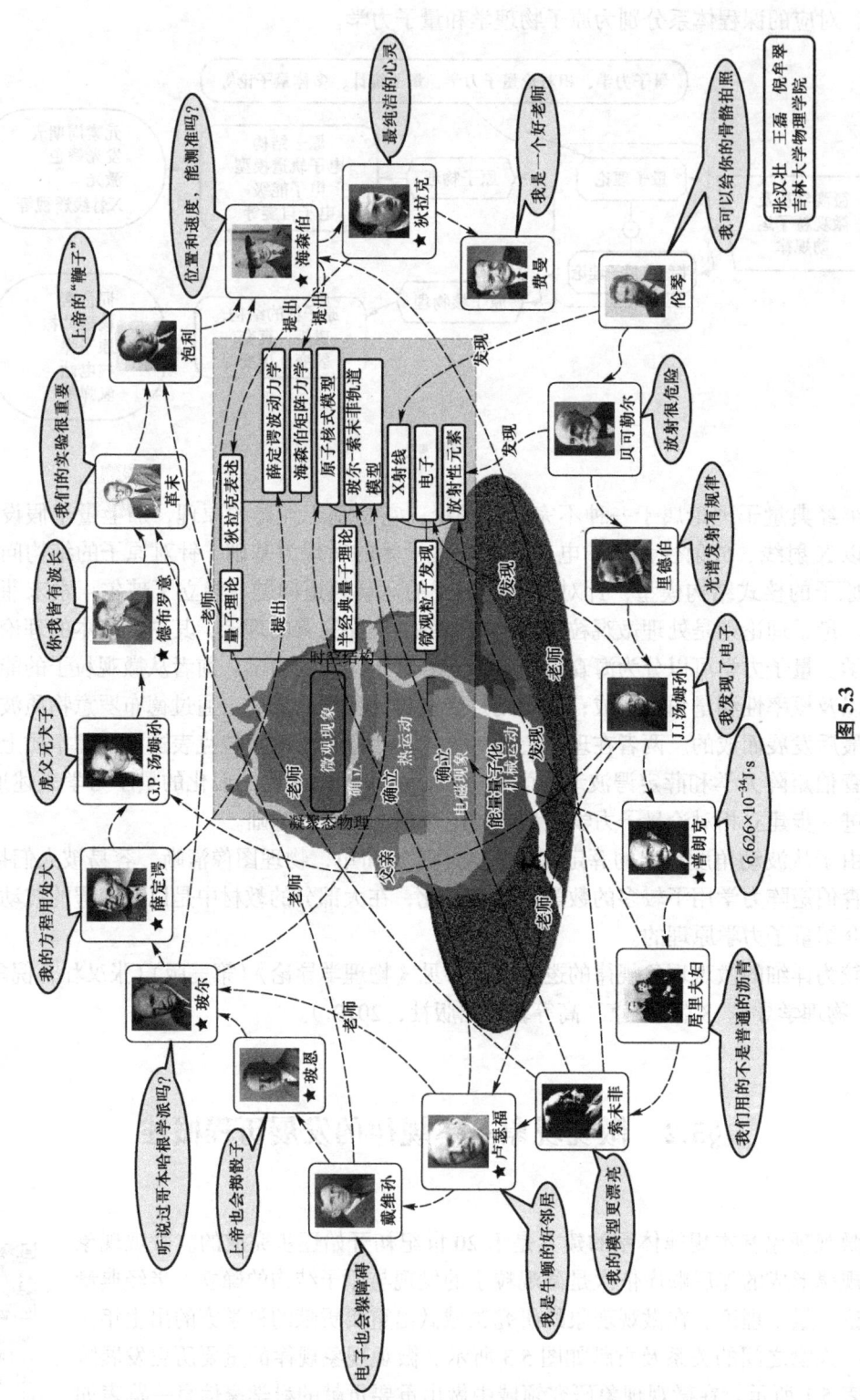

图 5.3

§5.2 微观现象基本规律的发展历程概述

表 5.1 微观现象规律的重要历史发展阶段

年代	分段历史	重要科学家
1900 年以前	近代物理学的产生背景	
1895—1911 年	微观粒子发现与原子的核式结构模型	伦琴、贝可勒尔、居里夫妇、J. J. 汤姆孙、里德伯、卢瑟福
1900—1923 年	能量量子化与半经典量子理论	普朗克、玻尔、索末菲、泡利
1924 年以后	量子理论	德布罗意、海森伯、薛定谔、狄拉克、玻恩、戴维孙、革末、G. P. 汤姆孙、费曼

针对微观领域基本规律的发展历程概述如下:

5.2.1 近代物理学的产生背景

伽利略和牛顿等人于 17 世纪创立了经典力学。到 19 世纪末,物理学的三大支柱——经典力学、经典电磁场理论、经典热力学和统计力学已日臻完善,形成一座宏伟的经典物理学大厦。当时的多数物理学家们认为物理学的基本规律都已经被发现了,剩下的只是对物理学规律的完善而已。然而事实上,随着实验技术的发展,物理学的研究深入到高速和微观领域,理论与实验的矛盾逐渐显现。其中两个矛盾最为突出,一是经典时空观与寻找以太的迈克耳孙－莫雷实验结果不一致;二是经典的能量均分定理与气体比热容及辐射能谱实验结果不一致,尤以基于经典电动力学和统计物理学推导出的黑体辐射"紫外灾难"为突出。英国著名物理学家开尔文勋爵于 1900 年 4 月在英国皇家学会所作的演讲中将这两个矛盾称为"物理学晴朗天空漂浮着的两朵乌云"。狭义相对论和量子理论的诞生分别解决了这两个矛盾,标志着近代物理学基础的建立。

授课录像:
近代物理学的产生背景

5.2.2 微观粒子发现与原子的核式结构模型

微观世界的实验发现始于 19 世纪末,1895 年 X 射线,1896—1899 年放射性元素,以及 1897 年电子的发现拉开了微观物质世界的研究发展的帷幕,这三大发现分别由德国的伦琴,法国的贝可勒尔及居里夫妇,英国的 J. J. 汤姆孙等物理学家完成。

在原子结构的研究领域,1890 年瑞典物理学家里德伯总结了原子光谱线频率的规律,1911 年英国物理学家卢瑟福提出了原子的核式结构模型。

授课录像:
微观粒子发现与原子的核式结构模型

5.2.3 能量量子化与半经典量子理论

微观粒子运动理论诞生的标志是德国物理学家普朗克提出能量子假说。早在 19 世纪初,人们就开始了对热辐射现象的研究,到 19 世纪末逐步认识到热辐射和光辐射都是电磁波。为了研究电磁辐射规律,1859 年德国物理学家基

授课录像:
能量量子化与半经典量子理论

尔霍夫引入黑体概念，用热力学理论证明黑体辐射只与物体的温度有关，而与黑体的材料组成、形状大小等其他因素无关。1895 年德国物理学家维恩提出一个黑体的空腔模型作为电磁辐射的研究对象。此后，科学家们针对黑体的电磁波辐射功率与频率的实验关系曲线，试图利用已有的经典理论给予解释。1896 年，维恩由热力学出发推导出的公式称为维恩公式；1900 年，英国物理学家瑞利和金斯根据经典电动力学和统计物理学导出的公式称为瑞利－金斯公式。维恩公式在高频率波段与实验符合得很好，但在低频率波段与实验有偏离；瑞利－金斯公式在较低频率波段与实验相吻合，而在高频率波段上与实验结果大相径庭。按照瑞利－金斯公式预言，黑体辐射的态密度将与辐射波频率的平方成线性增长，意味着自然界会充满着大量的紫外线，称为黑体紫外辐射灾难。

在此背景下，1900 年德国理论物理学家普朗克依据实验结果，给出了在高、低频率波段都与实验曲线十分吻合的公式，称为普朗克辐射公式。但是普朗克得到这个公式的前提是一个假定，即黑体辐射腔的谐振子能量是不连续的，也就是能量子假说。这是量子化思想第一次被引入到物理学中来。在这一思想基础上，1905 年，爱因斯坦提出了光的能量子（光子）概念，成功地解释了自 1888 年以来人们探讨的光电效应问题。1923 年美国物理学家康普顿发现的康普顿效应也体现了光的传输粒子性与能量量子化的性质。

在普朗克、爱因斯坦、卢瑟福以及里德伯工作的基础上，1913 年，丹麦物理学家玻尔针对电子轨道问题提出了氢原子电子的"行星轨道"模型。1916 年，德国物理学家索末菲发展了玻尔的理论，将电子运动轨道由圆形轨道推广到椭圆轨道。1924 年，奥地利物理学家泡利为了解决实验和正在发展的量子理论不自洽问题，提出了泡利不相容原理。

5.2.4 量子理论

授课录像：
量子理论

玻尔－索末菲理论虽然继承了能量量子化的思想，但仍然是对经典理论的修补，属于半经典理论。直到 1925 年德国物理学家海森伯从微观粒子的能量子化以及概率性测量角度建立了量子矩阵力学，才结束了半经典量子理论时代。

1924 年，法国物理学家德布罗意受光的波粒二象性启发，提出适用于有质量粒子的"物质波"的概念。在此基础上，奥地利物理学家薛定谔于 1926 年给出了态函数随时间演化的薛定谔方程，建立了波动力学。随后，薛定谔证明他本人提出的波动力学和海森伯的矩阵力学是等价的。同年，德国物理学家玻恩赋予物质波概率解释，即大量微观粒子出现在空间位置的概率统计行为遵从波动规律，从而建立了物质波粒二象性的物理图像。1927 年，美国物理学家戴维孙和其助手革末、英国物理学家 G. P. 汤姆孙各自独立用实验证实了电子的波动性。

1927—1928 年间，英国物理学家狄拉克综合已有研究成果，阐述了量子力学不同表述的数学本质，并进一步提出了电子的相对论性方程，用以描述高速运动的电子体系。20 世纪中叶，美国物理学家费曼等人发展了狄拉克的思想，完善了量子电动力学的计算。为了能够以量子力学为基础进一步描述有限温度下的凝聚态物性等物理问题，经过后续许多杰出物理学家的不懈努力，在量子力学的基础之上又相继建立了量子统计及多体量子论等理论体系。至此，以相对论和量子理论为核心的现代物理理论体系基本形成。

§5.3 微观现象相关基本规律与人类生活

本节以表 5.2 所示的应用实例为问题导向,以 AR 演示、实物演示等方法介绍微观现象基本规律。

表 5.2 微观现象相关基本规律及其应用实例

规律分类		应用实例	演示资源
5.3.1 原子物理	5.3.1.1 原子结构	1. 原子具有什么样的结构? 2. 如何测量电子和原子的质量? 3. 电子有确定的运行轨道吗? 4. 电子是如何按顺序排布的?	原子的核式结构模型(AR) 电子轨道(AR) 电子排布(AR)
	5.3.1.2 原子能级结构	1. 物质的能级结构如何? 2. 什么是跃迁? 3. 有的物质为什么会发光? 4. X 射线透视的物理原理是什么?	能级图(AR) 能量跃迁(AR) 物质发光(AR)
	5.3.1.3 电子的波动性	1. 光的波粒二象性是什么含义? 2. 电子的波粒二象性是什么含义? 3. 扫描隧穿显微镜的工作原理是什么? 4. 能级为什么都有一定的宽度?	光的波粒二象性(AR) 电子的波动性与隧道效应(AR) 测不准原理(AR)
	5.3.1.4 电子自旋	1. 什么是塞曼效应? 2. 物质的磁性为什么会有不同? 3. 什么是巨磁阻效应? 4. 计算机硬盘有哪几种类型?	电子自旋(AR) 塞曼效应(AR)
5.3.2 原子核物理	5.3.2.1 原子核结构	1. 原子核是由什么组成的? 2. 什么是同位素? 3. 利用同位素为何可以测量样品年代?	原子核的结构(AR) 同位素(AR)
	5.3.2.2 原子核磁矩	1. 什么是核磁共振? 2. 核磁共振成像(MRI)、磁共振血管成像(MRA)诊断人体健康的工作原理是什么?	核磁共振(AR)
	5.3.2.3 原子核衰变、裂变和聚变	1. 放射性治疗的原理是什么? 2. 原子弹爆炸的原理是什么? 3. 如何进行核能利用? 4. 氢弹爆炸的原理是什么?	原子核衰变(AR) 原子弹(AR) 核能发电(AR)
5.3.3 分子物理	5.3.3.1 分子结构	1. 分子结构有哪些类型? 2. 什么是手性分子? 3. 为什么要慎用右手性分子药物?	手性分子(AR)
	5.3.3.2 分子能级结构	1. 如何测量分子的能级结构? 2. 晶体结构与分子结构的能级图区别?	分子能级结构(AR)

5.3.1 原子物理

5.3.1.1 原子结构

1. 原子具有什么样的结构？

授课录像：原子结构

根据现代量子力学实验及理论，组成物质的原子具有核式结构，即，原子由一个极小的原子核和分布在原子核周围的电子组成。原子核是由带正电的质子和不带电的中子组成的，电子带负电。一个原子的质子所带的正电荷与电子所带的负电荷总量相等，正常情况下原子是电中性的。原子的空间尺度大小集中在 0.06～0.5 nm 范围内，原子核的质量占原子总质量的 99.9%（单个质子质量是单个电子质量的 1836 倍），体积占原子总体积的 0.001%～0.01%。因此，原子核集中了原子的全部正电荷和几乎所有的质量（大约在 10^{-26} kg 的量级），参见"AR 演示：原子的核式结构模型"。

AR 演示：原子的核式结构模型

2. 如何测量电子和原子的质量？

测量如此之小的电子以及原子的质量需要利用电磁学原理。首先将电子在电场中加速，然后再引入到和运动方向垂直的磁场中。运动的电子在磁场的作用下将做圆周运动。通过测量加速电压、磁场强度以及电子在磁场中的圆周运动半径，可以计算出电子的比荷（电荷量与质量的比值）。再利用已知的电子电荷量数据，即可计算出电子的质量。对于中性的原子，采取轰击的方式使电子电离，获得带正电的离子。对该离子采取与上述测量电子质量类似的方法即可实现对原子质量的测量，这也是质谱仪的基本工作原理。

3. 电子有确定的运行轨道吗？

经典物理认为，原子由带正电的原子核与带负电的电子构成。电子绕原子核做圆周运动。电子受到原子核的库仑引力是维持其绕核圆周运动的向心力，因此认为原子内部的电子有确定的运行轨道。但是经典物理的理论与原子的相关实验事实并完全不符合。用量子力学理论能够很好地解释原子相关的实验现象。量子力学认为，电子等微观粒子没有确定的运行轨道，取而代之的是微观粒子某时刻在空间某点出现的概率密度，参见"AR 演示：电子轨道"。

AR 演示：电子轨道

4. 电子是如何按顺序排布的？

按照量子力学理论，不受外部因素作用的原子可能处在一系列稳定的能量状态下，称为原子的定态。原子的定态能量取值是不连续的、量子化的。因此，尽管经典意义中电子轨道的概念不完全符合量子力学原理，但仍可以借用它形象地说明原子的不同定态情况。按照经典轨道概念，原子核从内向外依次对应着低能量至高能量轨道。每个轨道中最多能容纳的电子数量是不同的，电子按照泡利不相容原理从最低能量轨道向高能量轨道依次分配。按此原则计算，从内层到外层的轨道依次填充的电子数量为 2、8、18、32……。按照这种规律排列的原子顺序表称为元素周期表，是由门捷列夫发明的，也称门捷列夫元素周期表。参见"AR 演示：电子排布"。

AR 演示：电子排布

授课录像：原子能级结构

5.3.1.2 原子能级结构

1. 物质的能级结构如何？

如果假定原子的质心坐标系为静止的惯性系，原子的能量主要包括原子核的动能、原子核外所有电子的动能、各电子与原子核相互作用的势能以及各电子之间相互作用的势能。其中原子核的动能和各电子之间相互作用势能与另外两项相比是很小的量，因此一般说到原子的能量，主要是指原子核外所有电子的动能及各电子与原子核相互作用的势能。按照量子力学理论，原子的能量是不连续的，只能取一系列量子化的值，称为原子的能级结构。把微观粒子所有可能存在的能级用图谱的形式表示出来，称为能级图。孤立原子的能级图是分立的线状结构。多个原子结合在一起时，由于原子间存在相互作用能量，能级结构变得密集复杂。大量原子构成的晶体的能级图显示出能带结构，而一个宏观物质的能级图是接近连续的。参见"AR 演示：能级图"。

2. 什么是跃迁？

原子所处的能量最低的量子态称为基态，其他量子态按照能量由低到高依次称为第一激发态、第二激发态……。当原子由于碰撞、光照等原因获得能量时，会从较低的量子态不连续地变化到较高的量子态。原子在不同的能量状态之间的跳跃变化称为能级跃迁，简称跃迁。按照经典理论，也可以把这一过程简单地描述为电子从低能级的轨道跃迁到高能级轨道。跃迁过程满足能量守恒定律。处于激发态的原子不稳定，会通过跃迁回到较低的量子态，直到基态。参见"AR 演示：能量跃迁"。

AR 演示：
能级图

AR 演示：
能量跃迁

3. 有的物质为什么会发光？

组成物质的原子从高能级跃迁至低能级（通常是因为受到外界电场、光照或加热等激发）时，一般会释放出光子。跃迁所发射光子的能量等于发生跃迁的两个能级的能量差。在电磁波频谱中，波长分布在 400～700 nm 的波是人眼所能分辨的可见光波，波长大于可见光的有近红外、中红外、远红外、无线电波等，波长小于可见光的为紫外线、X 射线等。物质发射电磁波的波段取决于不同的微观粒子在不同轨道能量间的跃迁。例如，可见光波通常对应原子的外层电子从高能级向较低能级的跃迁，X 射线可以通过内层电子之间的跃迁产生。人们所能看到的五彩缤纷的颜色通常就是电子从高能级向不同的低能级跃迁时发射的不同波长的光所造成的，参见"AR 演示：物质发光"。

AR 演示：
物质发光

4. X 射线透视的物理原理是什么？

X 射线是一种波长很短、辐射能密度很大的电磁波。X 射线由于波长短可以由原子间的间隙通过，所以具有很强的穿透能力，能透过许多相对可见光不透明的物质，使照相胶片感光。X 射线穿过人体时，受到不同程度的吸收，如骨骼吸收的 X 射线量比肌肉吸收的量要多，这样在胶片上将显示出不同密度的阴影。医生根据阴影浓淡的对比，即可初步判断人体某一部分是否正常。X 射线可在一定程度上破坏生物细胞，大剂量照射会对人体造成伤害。一次普通 X 射线检查的照射量极低，一般不会对人体产生明显影响。长期使用 X 射线设备工作的人员，应采取专业防护措施，并定期进行身体检查。为了诊断需要而进行 X 射线检查时，病人接受的照射剂量应尽量控制在最小范围，并且检查过程中无关人员应远离 X 射线设备；普通人如无必要，不应频繁进行 X 射线检查。当然，也不应该因为对 X 射线感到恐慌而拒绝必要的检查，毕竟有疾病而未能及时发现的风险更大。

5.3.1.3 电子的波动性

授课录像：电子的波动性

AR 演示：光的波粒二象性

1. 光的波粒二象性是什么含义？

光的波粒二象性是指光同时具有波动性和粒子性两种属性。杨氏双缝干涉实验、菲涅耳衍射实验等都说明光具有波动性。光在与物质相互作用过程中显示出能量分立传递的特性，称为粒子性，相关实验有黑体辐射实验、光电效应实验及康普顿散射实验等。由于光的粒子性特征，也把光称为光量子，简称光子。光子的静止质量等于零，能量等于它的动能。在光子与其他粒子相互作用时，遵循能量守恒和动量守恒定律。参见"AR 演示：光的波粒二象性"。

2. 电子的波粒二象性是什么含义？

早期人们在实验中发现电子时，认为它是极其微小的粒子。受光的波粒二象性启发，人们推想微观粒子是否也具有波粒二象性。德布罗意最早提出这种假设，后经实验证实电子及其他微观粒子，如中子、质子等都具有波粒二象性。电子的粒子性表现为它具有确定的质量、电荷量，在宏观电场作用下具有确定的运动轨迹等；电子的波动性表现为它在原子中不具有确定的运行轨道，以及一束电子通过足够窄的狭缝时会发生衍射现象等。量子力学中用波函数描述电子及其他微观粒子的波动特性，波函数具有概率的意义，满足薛定谔方程。

3. 扫描隧穿显微镜的工作原理是什么？

当微观粒子遇到一个高于粒子能量的势垒时，按照经典力学，粒子不能越过势垒；但是按照量子力学，粒子的波函数在势垒另一侧可能不等于零，即粒子有一定概率穿过势垒，称为量子隧道效应。粒子穿过势垒的概率由势垒宽度、势垒与粒子的能量差等因素决定。可以形象地比喻为，一个跳跃的小球遇到一面墙，当小球的动能低于其在墙顶处的势能时，按照经典力学计算，小球不能越过墙；但按照量子力学计算，小球有可能到达墙的另一侧，就好像在墙中存在一个"隧道"使小球穿过了，墙壁越薄，小球穿越的可能性就越大。量子隧道效应是微观粒子具有波动性的体现，是量子力学的特有结论，已经由 α 粒子散射实验、隧道二极管、扫描隧穿显微镜等实验验证。扫描隧穿显微镜是利用量子隧道效应探测物质表面结构的仪器。它具有原子尺寸量级的分辨率，使科学家能够"看"到单个原子在物质表面的排列状态。利用扫描隧穿显微镜观测样品的基本方法是使用一个极其尖锐的金属探针在样品上方逐行地扫描，探针与表面之间留有微小的

AR 演示：电子的波动性与隧道效应

空隙。由于量子隧道效应，探针针尖上的电子会有一定概率越过不导电的空气隙而到达样品，形成的电流称隧道电流。隧道电流的强度依赖于针尖和样品之间的距离。因此，根据隧道电流的变化可以得到样品表面微小的高低起伏的信息，再经过计算机处理形成图像，就显示出表面原子的排列状态了，这就是扫描隧穿显微镜的工作原理。参见"AR 演示：电子的波动性与隧道效应"。

4. 能级为什么都有一定的宽度？

按照量子力学的理论，原子的能级并不是一个准确值，而是在某一个值附近有一个不确定范围，称为能级宽度。用量子力学的测不准原理可以解释能级存在宽度的现象。经典物理中粒子的位置和动量是可以同时精确测定的。但是对于微观粒子来说，由于波粒二象性，无法同时准确地测量粒子的位置和动量。测量微观粒子位置和动量的不确定范围的乘

积总是大于普朗克常量,称为量子力学的不确定性原理。微观粒子某个能级的能量宽度与粒子停留的时间也是一对测不准量。粒子停留的时间越小,能量的不确定范围就会越大,反之亦然。由于粒子停留在高激发态的时间都是有限的,因此,能级都会有一定宽度。参见"AR 演示:测不准原理"。

5.3.1.4　电子自旋

电子的基本属性除了质量、电荷量外,还包括自旋。电子由于自旋而具有自旋角动量和自旋磁矩,它们在磁场方向投影的取值都是不连续的。有时候人们形象地把电子的自旋理解成一个带电小球绕自身对称轴的旋转,类似于地球的自转。但是这种理解是不恰当的。因为至今仍没有实验证实电子结构,也就是说电子是没有确定体积的,所以也就不存在绕自身轴旋转的运动了。按照量子力学观点,自旋是电子的内在属性,是电子运动的一个自由度,参见"AR 演示:电子自旋"。电子自旋的相关应用实例列举如下:

AR 演示:
测不准原理

授课录像:
电子自旋

1. 什么是塞曼效应?

塞曼效应是指当把产生光谱的光源放入磁场中时,光谱线发生分裂的现象。按照量子力学理论,电子具有轨道磁矩和自旋磁矩,并且这两种磁矩的空间取向都是量子化的。当有外加磁场作用时,电子的磁矩引起原子能级的附加能量。这一附加能量取值也是量子化的,于是使原来的一个能级分裂成若干个间距较近的分立能级。由于原子发光谱线的频率对应着原子发生跃迁的两个能级的能量差,因此能级的分裂会导致谱线的分裂。利用塞曼效应可以测量电子的比荷。在天体物理中,塞曼效应可以用来测量天体的磁场。参见"AR 演示:塞曼效应"。

AR 演示:
电子自旋

AR 演示:
塞曼效应

2. 物质的磁性为什么会有不同?

磁铁等产生的磁场,以及磁场对物质的磁性作用源于物质内部电子的轨道、自旋、相互作用等多种因素组成的内部磁矩。不同物质,其内部磁矩是不同的。内部不存在固有磁矩,但在外磁场的作用下,会感应出与外磁场方向相反的微弱磁矩的称为抗磁性物质;内部有固有磁矩,但空间取向是随机的,在没有外磁场的作用下整体不显示磁性的称为磁性物质;内部有固有磁矩,同时磁矩的空间取向是有序的称为铁磁性物质;同一种晶格的内部某个局域部分的磁矩有序,但不同局部区域的磁矩处于反平行状态且大小接近,在不受外磁场作用时并不表现为磁性的称为反铁磁性物质。反铁磁性主要发生在过渡金属或稀土金属化合物等物质中。不同晶格组成的物质,每个晶格内部的磁矩处于有序,不同晶格区域的磁矩处于反平行状态但大小不同,在不受外磁场作用时总体表现为磁性的称为亚铁磁性物质。

3. 什么是巨磁阻效应?

电子具有自旋,这是量子力学的重要概念之一。从磁矩的角度,可认为电子的自旋具有两种相反的状态,一般称为自旋向上和自旋向下。电子在金属中运动时会受到散射而产生电阻。对非磁性金属,电子的自旋态的改变对电阻无影响;然而对铁磁性金属或合金,磁性原子与运动电子的自旋磁矩发生相互作用,导致电子的两种相反自旋态产生的电阻有很大差别。人工制备的反铁磁性物质,例如利用分子束外延等技术所制备的铁－钴－铁三明治薄膜结构,在较强磁场的作用下,两层铁薄膜的内部磁矩是平行的,而在弱磁场的作用下，是反平行的。理论与实验表明，当电子通过该三明治结构时，在铁的磁矩平行状态下呈现低阻抗，在反平行状态下呈现高阻抗，称为巨磁阻效应。巨磁阻效应是由于电子的自旋而引起的。理论分析表明，当电子通过磁矩有序排列的磁性物质时，由于内层电子的交换耦合、泡利不相容原理等因素的作用，自旋磁矩与物质磁矩方向平行的电子仍然可以自由流动，而自旋磁矩与物质磁矩方向反平行的电子被内壳层能级轨道所束缚。因此，自由电子通过铁–钴–铁三明治反铁磁性薄膜结构的过程中，自旋磁矩与薄膜磁矩方向反平行的电子会因内层能级轨道束缚等原因而呈现巨磁阻效应。

4. 计算机硬盘有哪几种类型？

当前计算机使用的硬盘主要有两种：固态硬盘和机械硬盘。固态硬盘采用闪存芯片来存储信息，机械硬盘采用磁性碟片来存储信息。固态硬盘使用的闪存芯片，里面包含若干个存储单元，每个存储单元结构与标准 MOSFET 晶体管类似，不同的是闪存的晶体管有两个而并非一个栅极。新增的栅极是独立的，进入的电子会被困在里面，在一般的条件下电荷经过多年都不会逸散。"被困"的电子数影响了晶体管的开启电压，通过这个特点，可以记录和读取数据。机械硬盘一般由磁头与碟片等部件组成。传统的硬盘是使用电磁感应原理实现数据的写入和读取的。由于磁性材料表面的磁场很小，为了可靠的读取数据，不得不使用多匝线圈来工作，这就导致磁头体积无法做得太小，也就限制了数据的存储密度。以巨磁阻物质替代读取线圈，利用巨磁阻效应可以有效地克服这一缺点。信号的存储依然利用电磁感应原理，当巨磁阻物质磁头扫过磁存储介质时，微小的磁场变化使巨磁阻磁头的电阻产生极大变化，从而产生足够电流的变化以识别数据，可大幅度提高数据存储密度。

固态硬盘与机械硬盘相比，具有低功耗、无噪声、抗震动、低热量的特点，读写速度也远高于传统硬盘。但是目前固态硬盘也存在着高成本、低写入次数、读取干扰、损坏时的不可挽救性等缺点。因此，固态硬盘和机械硬盘在目前计算机中并存。

5.3.2 原子核物理

5.3.2.1 原子核结构

1. 原子核是由什么组成的？

物质的基本组成单位是原子，原子是由原子核和核外电子组成的。原子核内主要包含质子和中子，它们也统称为核子。质子带正电，中子不带电。一般情况下，原子核内的质子数和核外电子数是相同的，所以物质呈电中性。原子核的稳定性是靠核内的质子和中子之间的相互作用来维系的。因此，质子数和中子数需要有一定的配比关系，即质子数和中子数是可以不同的。核内的质子数决定了元素种类，参见"AR 演示：原子核的结构"。

授课录像：原子核结构

2. 什么是同位素？

质子数相同而中子数不同的同种元素称为同位素。由于原子核的稳定性是靠核内的质子和中子之间的相互作用来维系的。因此，质子数和中子数的配比决定了原子核的稳定程度。当原子核内质子数与中子数配比协调时，原子核处于稳定的状态。而当它们的比例不协调时，原子核容易衰变，并且通常比例失

AR 演示：原子核的结构

调越严重，核素半衰期越短。参见"AR 演示：同位素"。

AR 演示：
同位素

3. 利用同位素为何可以测量样品年代？

同位素断代法利用的是半衰期很长的不稳定原子核的衰变特性。在自然界中碳（C）元素有三种丰度相对较高的同位素，即中子数分别为 6、7、8 的 ^{12}C、^{13}C、^{14}C。其中的 ^{12}C 是稳定的，而 ^{14}C 是放射性同位素，其半衰期为 5730 年。C 是有机物的元素之一，生物在生存的时候，由于需要呼吸，其体内的 ^{14}C 含量大致不变。生物死去后会停止呼吸，^{14}C 含量得不到补充，此时体内的 ^{14}C 含量就按放射性衰变规律减少，经过 5730 年减少为原来的一半。因此，人们可通过测量一件样品中 ^{14}C 的相对含量，再与大气中的情况对比，来估计它的大概年龄。

5.3.2.2 原子核磁矩

构成原子核的质子和中子本身具有一定的自旋磁矩，带电的质子在核内运动也会产生磁矩，二者的总效应构成原子核磁矩。原子核磁矩的相关应用实例列举如下：

授课录像：
原子核磁矩

1. 什么是核磁共振？

核磁矩不为零的原子核，在外磁场作用下自旋能级会发生分裂，从原来的一个能级分裂成多个。这类能级间的能量差与无线电波的光子能量接近。如果用无线电波辐射磁场中的原子核，则当辐射的能量恰好等于原子核的两个分裂能级的能量差时，处于低能态的原子核将吸收辐射能量并跃迁到高能态，这种现象称为核磁共振，参见"AR 演示：核磁共振"。

AR 演示：
核磁共振

2. 核磁共振成像（MRI）、磁共振血管成像（MRA）诊断人体健康的工作原理是什么？

核磁共振成像（英文为 Nuclear Magnetic Resonance Imaging，缩写成 MRI），是继 CT 后医学影像学的又一重大进步，是利用核磁共振原理进行成像，帮助医生检查人体健康状况的方法。核磁共振成像主要利用氢核的核磁共振现象。检查时，将人体置于特殊的磁场中，用无线电脉冲激发人体内氢原子核，引起氢原子核共振，并吸收能量。在停止脉冲后，氢原子核按特定频率发出射电信号，并将吸收的能量释放出来，被体外的接收器接收，经计算机处理获得图像，利用这一方法可以检测人体的健康状况。

医学上为了检查血管的堵塞情况，常用的是造影技术，向血管内注入造影剂，由于造影剂的密度与血管的密度不同，在 X 射线下就能呈现对比度明显的图像。基于核磁共振成像原理，在技术上做进一步的改造，在不需要注入造影剂的情况下，也可以区分出流动的血液和静止的血管的不同磁共振信号，从而可以诊断血管的堵塞情况，这一技术称为磁共振血管成像，英文缩写为 MRA。如果在血管中再进一步注入造影剂，利用 MRA 技术可以获得更为精确的血管堵塞信息，称为增强磁共振血管成像，英文缩写为 CE-MRA。

5.3.2.3 原子核衰变、裂变和聚变

授课录像：
原子核衰变、
裂变和聚变

组成物质的原子核有的是稳定的，有的是不稳定的。不稳定的原子核会自发地放出某种粒子而转变为较稳定的新核，这一过程称为原子核的衰变。衰变放出的粒子有三种，分别是 α 粒子、β 粒子和 γ 粒子，参见"AR 演示：原子核衰变"。少数质量非常大的原子核，在中子轰击下，会分裂成两个或多个中等质量的原子核，这一过程称为裂变。原子核在裂变的过程中会产生质量亏

AR 演示：
原子核衰变

损，由爱因斯坦的质能方程可知，质量的亏损会释放巨大的能量。质量小的原子，例如氘或氚，在超高温和高压的条件下，会发生原子核互相聚合作用，生成新的质量较重的原子核。在这一过程中，也会产生质量亏损，同样会释放巨大的能量。原子核衰变、裂变和聚变的应用实例列举如下：

1. 放射性治疗的原理是什么？

原子核在衰变的过程中会产生放射性射线如 γ 射线。如果存在大剂量的放射性物质，它的照射会杀死细胞，致人死亡，少量照射会引起基因突变和染色体畸变，使一代甚至几代受害，这种看不见摸不到的放射性射线就是危害人类健康的隐形杀手。虽然放射性物质有很高的危险性，但是如果能够合理利用，也可以治病救人。放射治疗就是通过放射性物质发出的射线杀死肿瘤细胞，来达到治疗癌症的目的。

2. 原子弹爆炸的原理是什么？

AR 演示：
原子弹

制作原子弹的原材料是铀（U）等重核物质。用一个中子去轰击 ^{235}U，轰击之后会产生 ^{236}U，而 ^{236}U 极其不稳定，容易发生裂变，它裂变的产物有钡、氪和中子，同时释放能量。产生的中子，一部分逃掉，一部分返回来再继续轰击其他铀原子，这样就形成一个链式反应，链式反应使能量在短时间内不断地释放出来，以至于发生爆炸，参见"AR 演示：原子弹"。

3. 如何进行核能利用？

AR 演示：
核能发电

核发电和原子弹的机制是相同的，区别在于上述链式反应的速率是否受到控制。原子弹的爆炸不需要控制链式反应的过程，而核发电需要控制反应堆链式反应的速率，使之达不到爆炸的临界点。核电站将链式反应产生的热量加热水产生蒸汽，就可以驱动汽轮发电机发电了，参见"AR 演示：核能发电"。

4. 氢弹爆炸的原理是什么？

原子弹是原子核裂变伴随能量释放的过程，而氢弹是原子核聚变伴随能量释放的过程。制作氢弹的原材料是氘（D）或氚（T）等轻核物质，而能够使其发生聚变的超高温和高压条件只有在原子弹爆炸时才能实现，因此，氢弹爆炸是在原子弹爆炸的基础上实现的。利用原子弹爆炸时产生的高温高压使氢的同位素氘、氚等质量较轻的原子发生聚合，释放出巨大的能量。由于同质量的氘、氚比 ^{235}U 释放的能量大得多，因此氢弹的爆炸威力会比原子弹的更大。

5.3.3 分子物理

5.3.3.1 分子结构

原子在自然界中很少孤立存在，一般会结合成为分子、分子团或者规则的晶体。原子之间靠化学键结合为分子，化学键分为离子键、共价键、金属键等几种类型。

授课录像：
分子结构

离子键分子中，电子由一个原子转移到另一个原子，形成电性相反的离子，离子之间相互吸引结合成分子。共价键分子通过共用电子发生相互作用，共用电子后会使分子体系的总能量比单独的原子降低。金属键一般存在于金属晶体中，靠自由电子和金属离子之间的作用力构成相互作用。

1. 分子结构有哪些类型？

分子结构是指组成分子的原子在三维空间的排列方式。分子结构主要与化学键的特性有关，并且在很大程度上影响着分子的物理及化学性质，如物态、颜色、磁性及生物活性等。可以从不同角度对分子结构分类。按对称性可以将分子结构划分为中性分子和手性分子两种类型。

2. 什么是手性分子？

手性是指一个物体不能与其镜像完全重叠的现象。例如人的双手是互为镜像的，我们无法使两只手在空间完全重叠在一起。具有手性的分子称为手性分子。手性广泛存在于自然界中。在化学和医药领域，手性概念经常出现。手性分子都具有旋光性。让一束偏振光通过手性分子溶液后，偏振面会发生旋转。如果偏振面发生顺时针偏转，则称为右旋，相应的手性分子为右手性分子，反之则称为左手性分子，参见"AR 演示：手性分子"。

3. 为什么要慎用右手性分子药物？

构成人体的氨基酸属于左手性分子。用于治疗的药物也存在手性特征，通常手性匹配的药物会对生命体有益，而手性相反的药物会产生毒害作用。因为人是由左手性氨基酸组成的生命体，不能很好地代谢右手性分子，所以食用含有右手性分子的药物就会给身体带来负担，甚至造成损害。因此，要慎用右手性分子的药物。

5.3.3.2 分子能级结构

分子的能级构成要比原子复杂得多，其主要由三部分构成。首先是分子中的电子能级，和原子能级结构类似，分子中的电子能态也是分立结构，能级间隔较大；其次是分子内原子之间的振动能级，这种振动的能量也是量子化的，能级间隔较小；最后是分子的转动能级，这是分子整体转动产生的，同样能量也是量子化的，能级间隔比前两种小得多。分子的能量是三种能量之和，所以分子能级结构可认为是间隔较大的电子能级上分立为间隔较小的振动能级，而振动能级又分立为能级间隔更小的转动能级，参见"AR 演示：分子能级结构"。

授课录像：分子能级结构

AR 演示：分子能级结构

1. 如何测量分子的能级结构？

分子内部的运动有电子运动、分子振动和分子转动，它们的能量都是量子化的，故可形成电子能级、分子振动能级和分子转动能级。电子能级数量级为 10 eV；振动能级数量级为 0.1～1 eV；转动能级约为 0.001 eV。当光通过物质时，会有部分被散射。散射光除了波数（波长的倒数）不变的部分外，还有一部分波数会发生改变。经测量发现入射光和散射光之间的波数差值是固定值，而与入射波长的大小无关。这种波数改变是光子和分子产生能量交换的结果，波数差的大小反映了分子振动和转动能级的间隔。利用这种原理测定分子的振动与转动能级结构的光谱方法称为拉曼光谱，拉曼光谱一般在红外区。

2. 晶体结构与分子结构的能级图区别

当若干个原子结合成一个分子时，由于原子间的相对振动及分子的整体转动，分子的能级结构变得比单个原子复杂。不过，一个分子的能级结构仍然可以看作是若干个分立的能级组成。晶体是由大量原子规则排列形成的周期性结构。由这样大量的原子结合所形成的晶体的能级，有些已经靠得非常近，以至于可认为是连续的了。连续的能量区间称为能带。但是在晶体的能级结构中，有些能量区间，电子不能存在，称之为禁带。因此，晶体的能级结构是一系列被禁带隔开的能带结构。

参 考 文 献

[1] 杨福家. 原子物理学. 4版. 北京：高等教育出版社，2008.

[2] 褚圣麟. 原子物理学. 北京：高等教育出版社，1979.

[3] 赵凯华，罗蔚茵. 新概念物理教程：量子物理. 2版. 北京：高等教育出版社，2008.

[4] 王永昌. 近代物理学. 北京：高等教育出版社，2006.

[5] 梁绍荣，刘昌年，盛正华. 普通物理学：量子物理学基础 第五分册. 3版. 北京：高等教育出版社，2008.

[6] BERNSTEIN Modern Physics. 史斌星，改编. 北京：高等教育出版社，2005.

[7] 周世勋. 量子力学教程. 2版. 北京：高等教育出版社，2009.

[8] 钱伯初. 量子力学. 北京：高等教育出版社，2006.

[9] 裴寿镛. 量子力学. 北京：高等教育出版社，2009.

[10] 苏汝铿. 量子力学. 2版. 北京：高等教育出版社，2002.

[11] 刘觉平. 量子力学. 北京：高等教育出版社，2012.

[12] 姚玉洁. 量子力学. 北京：高等教育出版社，2014.

[13] 曾谨言. 量子力学：卷Ⅰ. 5版. 北京：科学出版社，2014.

[14] 曾谨言. 量子力学：卷Ⅱ. 5版. 北京：科学出版社，2015.

[15] 陈植芸. 量子物理：学习现代物理的基本方法. 北京：高等教育出版社，2015.

[16] GASIOROWICZ. Quantum Physics. 北京：高等教育出版社，2006.

[17] 钱临照，许良英. 世界著名科学家传记物理学家：Ⅰ、Ⅱ、Ⅲ、Ⅳ. 北京：科学出版社，1995.

[18] 秦克诚. 方寸格致：邮票上的物理学史增订版. 北京：高等教育出版社，2014.

[19] 郭奕玲，沈慧君. 诺贝尔物理学奖 1901—2010. 北京：清华大学出版社，2012.

[20] MARTINSON, CURTIS. Janne Rydberg his life and work. Nucl. Instr. and Meth. in Phys. Res. B，2005，235：17-22.

[21] ECKERT M. Arnold Sommerfeld：Science, Life and Turbulent Times 1868—1951. New York：Springer，2013.

[22] 张永德. 量子力学. 北京：科学出版社，2008.

第六章
弯曲的时空世界

> 宋朝苏轼的著名诗句"横看成岭侧成峰,远近高低各不同"意指从不同角度观察同一事物会呈现出不同的景象。在人们的日常生活中,感觉时间和空间是各自独立而互不影响的,一个事件所发生的时间和空间间隔与观察者所在的参考系无关。而相对论的时间和空间属性并不是独立的,而是互相关联地"融合"成一个统一的四维连续体。这一时空属性导致了一个物理事件发生的时间、地点、时间间隔以及空间距离等和观察者所在的参考系有关。

本章概述如图 6.1 所示的时空结构领域规律的逻辑关系及发展历程,以 AR 演示的方式展现时空结构领域规律的实验与现象。

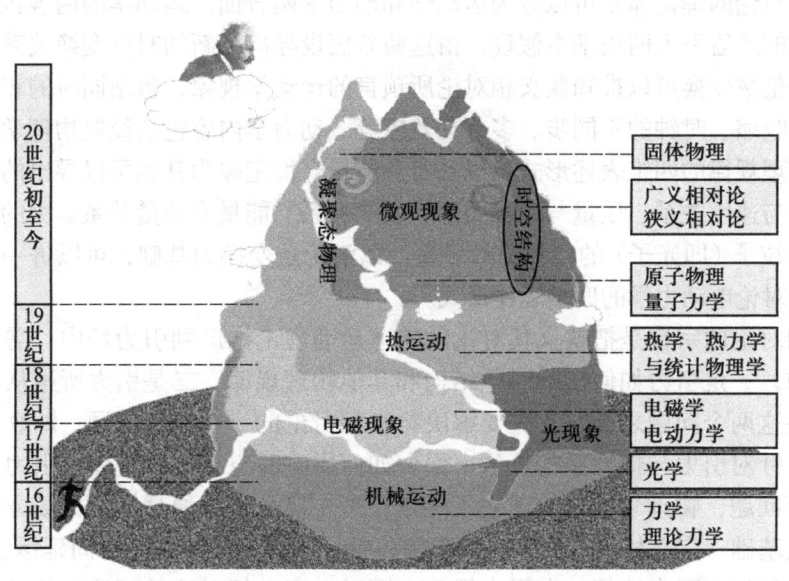

图 6.1

§6.1 时空结构领域基本规律的逻辑性概述

授课录像：时空结构领域基本规律的逻辑性概述

时空结构领域的基本规律包括狭义相对论和广义相对论，分别研究的是无引力场时的两个惯性参考系之间的时空及其他物理规律的变换关系，以及引力场对时空和物理规律的影响，其逻辑体系如图 6.2 所示。

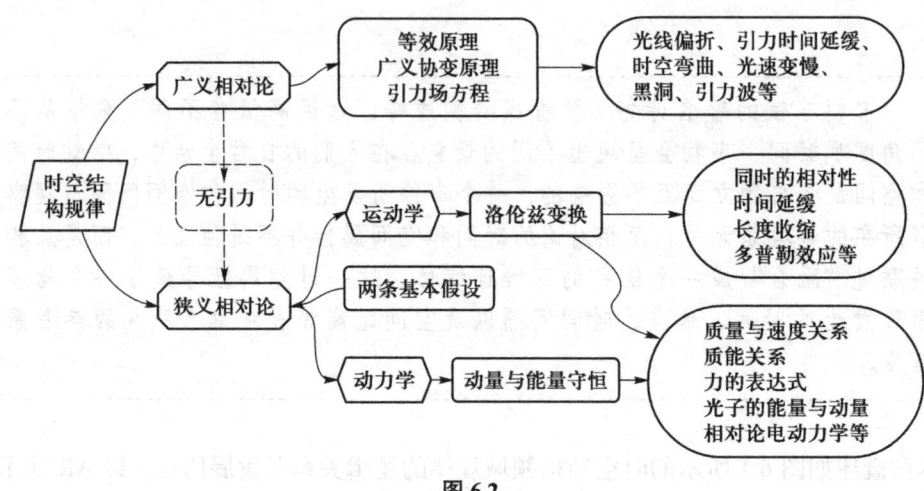

图 6.2

狭义相对论的理论体系可以分为运动学和动力学两方面。运动学的内容包括，由经典时空观遇到的矛盾引入两条基本假设，由这两条假设导出了新的时空变换关系，即洛伦兹变换。由洛伦兹变换可以推知狭义相对论所预言的运动学现象，包括同时的相对性、时间延缓、长度收缩、时钟的不同步、多普勒效应等。动力学内容包括经典物理学量的变化关系式以及物理规律的四维表述形式。以动量和能量守恒定律为基础可以导出的基本关系式包括，质量与速度关系、质量与动量关系、质能关系、能量和动量关系、力的表达式、静质量为零的粒子（即光子）的能量与动量等。以洛伦兹变换为基础，可以进一步得出相对论力学及相对论电动力学的四维表述形式。

广义相对论的宗旨是把狭义相对论的匀速运动理论推广到引力场中。需要解决的两个根本问题，一是引力如何影响时空结构和其他物理规律，二是引力所遵从的普适性方程。在解决这两个问题之前，首先要解决狭义相对论的一个遗留问题，即真正的惯性参考系在哪？针对引力与惯性系的矛盾，引力如何影响时空结构和规律，引力所遵从的普适性方程等问题，物理学家分别建立了等效原理、广义协变原理、引力场方程等广义相对论的理论基础。广义相对论所预言的现象包括：光线偏折、引力时间延缓、时空弯曲、光速变慢、黑洞、引力波等。在引力场趋向零时，广义相对论的理论自然过渡到狭义相对论。

狭义相对论的运动学部分需要在力学课程中学习，动力学部分需要在电动力学课程中学习。广义相对论在力学课程中有部分介绍，详细内容需要在专业课程中学习。

§6.2 时空结构领域基本规律的发展历程概述

时空结构领域规律体系的建立是于 20 世纪初开始逐步完成的。爱因斯坦于 1905 年建立了狭义相对论，于 1915 年建立了广义相对论。在时空结构领域的研究中做出重要贡献的科学家的出生年代顺序、人物之间的关系及贡献如图 6.3 所示。时空结构领域基本规律的重要历史发展阶段如表 6.1 所示。在时空结构领域的研究中做出重要贡献的科学家信息一览表如附录 6 所示。

授课录像：时空结构领域科学家导图

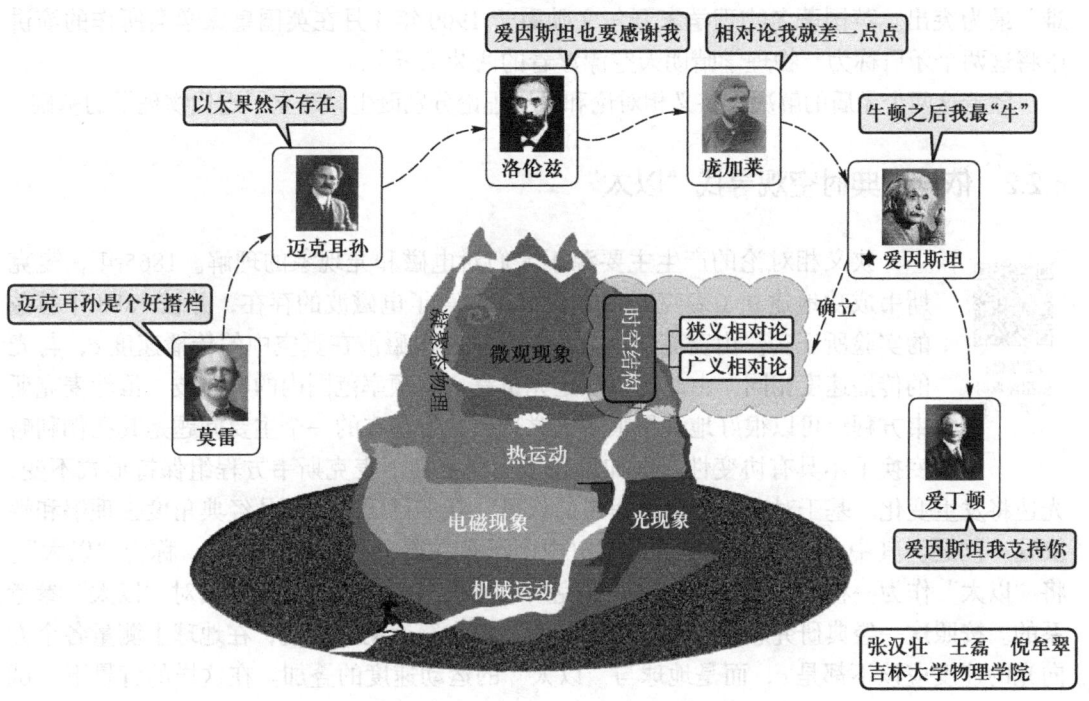

图 6.3

表 6.1 时空结构领域规律的重要历史发展阶段

年代	分段历史	重要科学家
1900 年以前	狭义相对论诞生的背景	
1881—1904 年	依据经典时空观寻找以太	迈克耳孙、莫雷、洛伦兹、庞加莱
1905 年	狭义相对论的两条基本假设	爱因斯坦
1905—1907	狭义相对论运动学和动力学	爱因斯坦
1907—1915	从狭义相对论到广义相对论	爱因斯坦、爱丁顿

6.2.1 狭义相对论诞生的背景

授课录像：
狭义相对论
诞生的背景

19世纪末，物理学的三大支柱——经典力学、经典电磁场理论、经典热力学和统计物理学已日臻完善，形成一座宏伟的经典物理学大厦。当时的多数物理学家以为物理学的基本规律都已经被发现了，剩下的只是对物理学规律的完善而已。然而事实上，随着实验技术的发展，物理学研究深入到高速和微观领域，理论与实验的矛盾逐渐显现。最为突出的两个矛盾，一是经典时空观与寻找以太的迈克耳孙-莫雷实验结果不一致；二是经典的能量均分定理与气体比热容及辐射能谱实验结果不一致，尤以基于经典电动力学和统计物理学推导出的黑体辐射"紫外灾难"最为突出。英国著名物理学家开尔文勋爵于1900年4月在英国皇家学会所作的演讲中将这两个矛盾称为"物理学晴朗天空漂浮着的两朵乌云"。

随着这两个矛盾的解决，狭义相对论和量子理论分别诞生，建立了近代物理学的基础。

6.2.2 依据经典时空观寻找"以太"

授课录像：
依据经典时
空观寻找
"以太"

狭义相对论的产生主要源于人们对电磁和光现象的理解。1865年，麦克斯韦成功地建立了麦克斯韦方程组，预言了电磁波的存在，并被1888年赫兹的实验所证实。由麦克斯韦方程组可求得电磁波在真空中的传播速度c，与光的传播速度相同，由此可以认定光也是一定频率范围内的电磁波。虽然麦克斯韦方程组可以很好地解释很多电磁现象，但存在的一个主要问题是其在伽利略变换下不具有协变性，即如果在伽利略变换下麦克斯韦方程组保持形式不变，光速将发生变化。基于对麦克斯韦方程组的认可，众多科学家试图从经典角度去理解和解决这一问题。其中一个思路就是设想宇宙中广泛存在着一种假想的介质，称为"以太"。将"以太"作为一种绝对静止的空间，麦克斯韦方程组所包含的光速是相对"以太"参考系的。按照这一经典研究思路，地球也在相对"以太"运动，因此，在地球上测量各个方向光的速度应该不都是c，而是地球与"以太"的运动速度的叠加。在这样的背景下，试图通过测量地球上各个方向光速差别（也称"以太漂移"）来验证"以太"的存在也就成了科学家们研究的重要内容。美国物理学家迈克耳孙利用自己设计的干涉仪试图测量以太漂移，但未得到预期结果。1881—1887年，迈克耳孙和合作者莫雷不断改进实验，提高测量精度，但得到的始终是"零结果"。针对这一经典物理理论与实验的困难，荷兰物理学家洛伦兹提出了一个"收缩假说"，即假定物体沿其运动方向长度发生收缩。法国物理学家庞加莱则指出，真空中的光速是不变的常量，不可能测出物质相对于以太的相对运动。但无论是洛伦兹还是庞加莱，都对"以太"的存在深信不疑，仅仅希望对经典物理理论进行修补而解释实验现象，结果仍难免面临矛盾的局面。

6.2.3 狭义相对论的两条基本假设

授课录像：
狭义相对论
的两条基本
假设

爱因斯坦独辟蹊径，以放弃绝对的参考系为解决问题的出发点，于1905年，发表了狭义相对论的第一篇论文《论动体的电动力学》。该文以一永久磁铁和一线圈做相对运动所产生的电磁感应现象为例，分析了感应电动势的来源。在相对磁铁静止的观察者看来，感应电动势为动生电动势，来源于磁场的洛伦兹力；在相对线圈静止的观察者看来，感应电动势为感生电动势，来源于涡旋电场的非静电力。同一客观事物，为什么在不同的参考系下有不对称的物理解释？爱因斯坦认为，出现这种现象的根源在于把参考系在放了一个重要的位置。上述现象的本质是感应电动势产生电流，它仅取决于永久磁铁和线圈的相对运动，而参考系并不重要。由此，他认为自然界并不存在什么绝对的空间，反倒应该把引起客观事物发生的规律提升为一种公设，即相对性原理。由此再推知同一规律导致的不同参考系下所发生的不同现象。例如，将电磁场作为一个整体，承认麦克斯韦方程组是任何参考系下都满足的普适规律，由此可以推知电场和磁场在不同的参考系下具有不同的分量。如此一来，自然解决了前述的动生电动势和感生电动势在不同参考系下的不对称性解释问题。由迈克耳孙－莫雷光速测量等实验结果，爱因斯坦引入了另外一条假设——光速不变原理。

6.2.4 狭义相对论运动学和动力学

在承认麦克斯韦方程组以及相对性原理和光速不变原理这两条假设的前提下，就要放弃以往的伽利略变换，寻找新的变换。由上述两条基本假设出发，爱因斯坦指出新时空观所需满足的变换为洛伦兹变换。早在爱因斯坦提出狭义相对论之前，荷兰物理学家洛伦兹就发现了这一变换公式，这也是"洛伦兹变换"这一名称的由来。然而，由于洛伦兹是基于以太的观点，附加了多种假设给出的这个变换，使得当时人们无法理解和接受这组公式。将洛伦兹变换应用到电磁感应现象的解释中，以前遇到的不自洽问题迎刃而解。洛伦兹变换的物理本质是统一了时间、空间观念，时空既不绝对，也不相互独立了。

授课录像：狭义相对论运动学和动力学

由洛伦兹变换可以推知狭义相对论所预言的运动学现象，包括同时的相对性、时间延缓、长度收缩、时钟的不同步、多普勒效应等。以动量和能量守恒定律为基础可以导出质量与速度关系、质量与动量关系、质能关系、能量和动量的关系、力的表达式、静质量为零的粒子（即光子）的能量与动量等基本关系式。以洛伦兹变换为基础，可以得出相对论力学及相对论电动力学的四维表述形式。

6.2.5 从狭义相对论到广义相对论

19 世纪末以前的物理学规律局限于经典时空观的框架内，即在伽利略变换下，力学规律在任何惯性参考系下等价。随着 1905 年狭义相对论的建立，人们对时空及物理规律的理解上升到了一个新的高度，即时空是一个整体，物理规律在洛伦兹变换下在任何惯性参考系中等价。1907 年，爱因斯坦提出，有必要把狭义相对论从匀速运动推广到加速运动。爱因斯坦经过 8 年的探索，于 1915 年 11 月连续发表了 3 篇相关论文，最终解决了引力如何影响物理体系，以及引力所满足的微分方程这两个根本性问题，标志着广义相对论的诞生。广义相对论预言的现象与观测事实相符合，从而验证了其正确性。

授课录像：从狭义相对论到广义相对论

广义相对论的建立，把时空、物质及引力联系起来，物质的分布导致时空的弯曲，弯曲的时空又反过来决定物质的运动，这使人们对引力的认识更深入，对后续物理学的发展产生了深远的影响。

§6.3 时空结构领域基本规律及所预言的现象

时空结构领域基本规律主要包括狭义相对论、广义相对论、宇宙与天体物理常识等内容，具体见表6.2。

表 6.2 时空结构领域基本规律及所预言的现象

规律分类		演示资源
6.3.1 狭义相对论	6.3.1.1 同时的相对性	迈克耳孙-莫雷实验（AR） 同时的相对性（AR） 同时相对性原理（AR）
	6.3.1.2 时间延缓	时间延缓（AR） 时间延缓原理（AR）
	6.3.1.3 长度收缩	长度收缩（AR）
	6.3.1.4 时钟不同步	时钟不同步（AR）
	6.3.1.5 多普勒效应	机械波多普勒效应（AR）
6.3.2 广义相对论	6.3.2.1 光线偏折	等效原理（AR） 光线偏折（AR）
	6.3.2.2 引力时钟延缓	引力时钟延缓（AR）
	6.3.2.3 时空弯曲	时空弯曲与水星进动（AR）
	6.3.2.4 引力光速变慢	引力光速变慢（AR）
	6.3.2.5 黑洞、引力子与引力波	黑洞（AR） 引力子与引力波（AR）
	6.3.2.6 GPS时钟校正	GPS时钟校正（AR）
6.3.3 宇宙与天体	6.3.3.1 宇宙的物质结构与年龄	宇宙结构与年龄（AR） 太阳系（AR）
	6.3.3.2 宇宙的统一整体性	宇宙的统一整体性（AR）
	6.3.3.3 宇宙在膨胀	宇宙膨胀（AR）
	6.3.3.4 宇宙的起源	宇宙大爆炸（AR）
	6.3.3.5 暗物质与暗能量	暗物质与暗能量（AR）
	6.3.3.6 恒星的演化	恒星的演化（AR）
	6.3.3.7 发光星体的观测分类	发光星体的观测分类（AR）

6.3.1 狭义相对论

一个事件的发生地点和发生时间需要用坐标（或矢量）和时钟来定量描述，而坐标和时钟与观察者所在的参考系有关。一个事件在两个参考系下所测量的空间位置和发生的时间的关系称为变换，经典的变换是伽利略变换。麦克斯韦方程组建立之后，为了从经典角度解释光的传播和光速问题，科学家们设想了一种遍布于宇宙的假想物质，即"以太"。然而迈克耳孙–莫雷的实验否定了"以太"的存在，参见"AR 演示：迈克耳孙–莫雷实验"。这一理论与实验的矛盾迫使人们放弃经典的伽利略变换，转而寻求新的变换，即洛伦兹变换。伽利略变换与洛伦兹变换的差别在于，前者的时间和空间是独立的，而后者的时间和空间是交织在一起的，由此导致了许多与人们日常生活经验相背离的现象。当参考系的运动速度远远小于光速时，洛伦兹变换就过渡到了经典的伽利略变换。因此，洛伦兹变换才是更为普适的变换关系，由此导出的运动学规律更能反映时空的真实属性，只不过在人们的日常生活所处的环境中，这些规律表现得不明显而已。由洛伦兹变换所导出的典型的运动学规律及相关的现象见下：

授课录像：
狭义相对论原理概述

AR 演示：
迈克耳孙–莫雷实验

授课录像：
同时的相对性

6.3.1.1 同时的相对性

由洛伦兹变换可以推知，在一个惯性参考系下同一地点同时发生的两个事件，在其他惯性系看来都是同时的；在一个惯性参考系下不同地点同时发生的两个事件，在其他惯性系看来是非同时的。是否会出现因为参考系变换而改变了事件发生因果关系的现象呢？如，枪打鸟，枪响鸟落地，枪响是因，鸟落地是果。假如参考系变换改变了因果关系，就会出现鸟落地，枪再响的结果。可以证明，两个参考系之间的洛伦兹变换不会改变具有因果关系的两个事件的先后顺序，说明洛伦兹变换满足客观规律的要求。参见"同时的相对性""同时相对性原理"的 AR 演示。

AR 演示：
同时的相对性

AR 演示：
同时相对性原理

6.3.1.2 时间延缓

由洛伦兹变换可以推知，如果有两个相互做匀速直线运动的惯性参考系，在各自的参考系下不同地点的观察者测量同一事件发生的时间间隔，均是相同的，没有快慢之说。从相对一个参考系静止的观察者角度看，当他把测量的事件的时间间隔与和他作相对运动的参考系中的观察者所测量的同一事件的时间间隔进行比较时，得出的结论是运动的时钟均会按同一因子变慢。时钟包含着一切类型，机械钟、原子钟、脉冲发生器、节拍器以及一切物理、化学甚至生命过程都按同一因子变慢，参见"时间延缓""时间延缓原理"的 AR 演示。

历史上人们曾以孪生子佯谬问题，关于相对论的运动时钟变慢结果进行了一场挑战性的争论。设想有一对孪生兄弟，其中的哥哥乘上了宇宙飞船以极高的速度去遨游太空，弟弟留在地球上。从地球上弟弟的角度考察两人经历的时间：假如地球上的弟弟已生活了 10 年，由于运动的时钟变慢，他推算飞船上的哥哥生活的时间将不足 10 年。因此，地球上的弟弟得出结论，当飞船返回地球时，飞船上的哥哥要比自己年轻！从飞船上的哥哥的角度来考察两人经历的时间：假如飞船上的哥哥按飞船上的时钟计算生活了 6 年，由于地球相对飞

授课录像：
时间延缓

AR 演示：
时间延缓

AR 演示：
时间延缓原理

船运动，运动的时钟变慢，哥哥推算地球上的弟弟将生活不足 6 年，因此，飞船上的哥哥推断说，当飞船再回到地球上时，地面上的弟弟将比自己年轻！当两个兄弟再次相遇时，从哥哥和弟弟的角度观察，得出截然相反的结论，此谓孪生子佯谬，如何解释？

狭义相对论成立的条件是两个参考系必须都是惯性参考系。如果把飞船看成惯性参考系的话，飞船一旦飞离地球，就不会再回到地球上了，就谈不上相遇的问题了。如果飞船要返回地球，由于飞行方向要改变，因而它就是一个加速参考系，狭义相对论对它来说就不成立了。由广义相对论内容可知，一个加速的参考系等效为一个引力场作用，广义相对论的推论之一是，引力场使时钟变慢，这意味着，飞船在转向的过程中，飞船上的时钟已经被延缓了。即使忽略转向过程的影响，从狭义相对论的角度看，两个参考系的观察者经历的事件过程并不等价。从地球上的观察者角度看，是飞船离开地球到达星体，转向后再返回地球的过程。从飞船的宇航员角度看，以飞船到达某个星体后突然转向为分界点，之前是地球远离飞船的过程，之后是飞船追赶地球的过程。既然是不等价过程，就一定有时间间隔的区别。无论以哪个参考系的角度计算，地球上弟弟经历的时间间隔都大于飞船上哥哥经历的时间间隔。

6.3.1.3 长度收缩

由洛伦兹变换可以推知，尺子在相对观察者运动时测量到的长度比在尺子相对观察者静止时测量到的长度（本征长度）要短，此即为长度收缩，参见"AR 演示：长度收缩"。

AR 演示：
长度收缩

长度收缩是指沿尺子的运动方向长度变短，在运动的垂直方向，尺子的长度并不变。相对尺子运动的参考系中计算运动尺子形状的方法是：将尺子沿运动方向和垂直运动方向分解，运动方向尺子收缩，而垂直运动方向尺子尺寸不变，再合成后的尺子就是相对尺子运动的参考系下测量的运动尺子的形状。

我们很容易产生这样的联想，假如我们乘坐一辆接近光速运行的列车，由于长度收缩，是否就意味着车内的观察者观看外部的世界时，整个外部空间被压缩变窄了？伽莫夫所著的著名科普读物《物理世界奇遇记》就有关于该问题的描述：主人公汤普金斯先生来到一座光速异常小的奇异城市，当他骑着自行车以接近光速行驶时，发现周围变成了窄的世界。之后的几十年内物理学家们一直认为汤普金斯先生的见闻是正确的。直到 1955 年，有人发表的一篇文章才开始纠正这个错误认识。其实，尺子变短是人们对运动尺子同时测量的效应，所有的空间位置都同时测量所得到的空间形象称为"测量形象"；而观察者观察运动空间在视网膜所形成的形象称为"视觉形象"，它是空间物体不同点在不同时刻发出的光波同时到达人的视网膜所形成的形象。二者的差别在于同时与非同时性

授课录像：
时钟不同步

测量，"测量形象"变窄是对的，但是"视觉形象"是非同时测量，因此，空间变窄就不一定正确了。有人通过分析和计算证明，高速运动的立方体或球体看起来形状不变，只不过转过了一个角度而已。

6.3.1.4 时钟不同步

由洛伦兹变换可以推知，在同一个参考系下，各处静止的时钟都可以校正计时零点，而且走时时间间隔相同。但两个参考系的观察者互相比较对方的时钟时，相对观察者而言，固定时钟是校准的，而运动的时钟却是没有校准的，沿时钟运动的方向，越在前的时钟给出的读数越早些，而越在后的时钟给出的时钟读数越晚些，参见"AR 演示：时钟不同步"。

AR 演示：
时钟不同步

6.3.1.5 多普勒效应

利用经典力学原理可以定量地推知波源与观察者相对运动时，波源频率与观察者接收频率的关系。结论是，当波源和观察者之间相向运动时，观察者接收的频率较波源的频率高，反之变低，参见"AR 演示：机械波多普勒效应"。

授课录像：
多普勒效应

由洛伦兹变换可以推导出光波的多普勒效应，它和机械波的多普勒效应的区别在于：机械波的频率变化的大小和波源运动速度以及观察者的运动速度都有关，而光波的多普勒效应仅与光源和观察者的相对运动速度有关，且存在着横向多普勒效应。

AR 演示：
机械波多普勒效应

6.3.2 广义相对论

爱因斯坦于 1905 年建立了狭义相对论。1907 年，爱因斯坦提出，有必要把狭义相对论从匀速运动推广到加速运动。广义相对论所解决的两个根本问题是：其一，引力如何影响时空和其他物理规律；其二，经典的万有引力定律与狭义相对论不相容，这意味着万有引力定律的表示并不是普适性方程，而最终找到的这个方程就是引力场方程。可以说，前者告知我们物质如何在时空结构中运动，后者告知我们物质如何影响时空结构。

在解决这两个问题之前，首先要解决狭义相对论的一个遗留问题，即真正的惯性参考系在哪？爱因斯坦提出的等效原理解决了这一问题，扩展了物理规律，参见"AR 演示：等效原理"。在解决引力如何影响时空和其他物理规律，以及万有引力定律的普适性方程问题时，爱因斯坦曾试图沿袭狭义相对论的坐标变换的方式，但结果不理想。借助黎曼几何的研究成果，爱因斯坦从度规张量的角度，有效地解决了这两个问题，分别给出了广义协变性原理和引力场方程，奠定了广义相对论的理论基础。

AR 演示：
等效原理

引力场方程刷新了人们对万有引力的经典理解：物质从经典意义上产生的引力场，实际上并不是力，对应的是物质所决定的时间和空间的几何结构。进一步讲，物理学是研究物理客体运动和演化规律的科学。物理客体好比演员，而演员的表演需要一种舞台。如果我们将物质所决定的时空几何比喻成物理客体所对应的"表演舞台"的话，广义相对论结果告诉我们，没有任何物质分布的自由空间是一个平直的时空"舞台"，而有物质分布的空间是一弯曲的时空"舞台"。举例来讲，行星为什么可以围绕某个恒星做圆周或椭圆轨道运动？从经典的角度看，是因为行星受到了恒星的万有引力作用并遵循牛顿第二定律。但是，从广义相对论角度看，由于恒星引起了时空弯曲，行星在恒星所决定的弯曲时空"舞台"中自由运动。由此可以理解，从经典角度引入的引力质量在广义相对论中已不复存在，取而代之的是时空几何。

广义相对论的正确性被其所预言的实验现象证实。等效原理、广义协变性原理以及引力场方程等理论预言的现象、相关解释以及实验验证如下：

授课录像：
光线偏折

6.3.2.1 光线偏折

从日常生活角度来看，光线的直线传播早已是被人们接受的事实，但从本质上来讲，光线是否是真的直线传播呢？等效原理的一个推论是光线通过引力场时将发生偏折，参见"AR 演示：光线偏折"。

AR 演示：
光线偏折

授课录像：
引力时钟延缓

AR 演示：
引力时钟延缓

授课录像：
时空弯曲

AR 演示：
时空弯曲与水星进动

授课录像：
引力光速变慢

AR 演示：
引力光速变慢

授课录像：
黑洞、引力子与引力波

AR 演示：
黑洞

基于光线在引力场中被弯曲的分析，爱因斯坦指出，来自遥远星体的光靠近太阳时，光束在太阳引力的作用下将被拉弯，导致在地球上观测发光星体的位置（表观位置）与实际位置不一致，这一预言在1919年日全食期间已被实验观测验证。

光线在引力场中偏折的另一个必然推论是引力成像。1979年瓦尔什（D.Walsh）等对一对孪生类星体进行测量，后经多方面观测、分析认证，多数天体物理学家都同意瓦尔什的观测结果是引力成像的一个实例。此后，其他一些引力成像的例子也陆续被发现了。

6.3.2.2 引力时钟延缓

由引力场方程可以得出结论，引力使时钟延缓，使空间距离拉长。引力引起的时间间隔和空间距离的变化是一种更为本质的物理效应，而狭义相对论的时间间隔和空间距离的变化是一种相对论效应，是由于在不同的参考系下所发生事件的过程不等价性造成的。

太阳表面的引力场要比地球表面的引力场强得多，因此，从太阳发射的光波传至地球表面时，将发生红移现象。由于各种干扰对测量的影响，自爱因斯坦1907年提出引力红移的预言以来，直到1960年，科学家才在地球上利用一种全新的技术对此进行了准确的测量，验证了红移现象的存在。参见"AR演示：引力时钟延缓"。

6.3.2.3 时空弯曲

由引力场方程可以得出结论，引力使时钟延缓，使空间距离变短。球体产生的引力场不改变垂直引力场方向的尺度，而使平行引力场方向的空间距离变短，如此会造成弯曲的空间结构。

时空弯曲的可观测现象之一是水星近日点的进动。水星是太阳系八大行星中最靠近太阳的行星，按照牛顿力学推算，行星的轨道是以太阳为焦点的椭圆。实际的天文观测表明，行星的轨道并非严格封闭，它的近日点有进动。牛顿力学对此虽然作了一些解释，但同实际观测轨道的误差仍然很大。直至1915年，爱因斯坦创立广义相对论之后，才对水星近日点的进动现象给予定量的解释，它是时间和空间的共同弯曲造成的，参见"AR演示：时空弯曲与水星进动"。

6.3.2.4 引力光速变慢

由引力场方程可以推知，从无引力场区域的观察者角度看，引力场使光速减慢，引力场越强，光速减慢得越多。

除了与光线偏折、引力红移、水星近日点的进动相关的三大实验外，人们提出了一个新的用雷达回波信号延迟来检验广义相对论的方案，并得以实践。这就是广义相对论的第四个重大实验检验，参见"AR演示：引力光速变慢"。

6.3.2.5 黑洞、引力子与引力波

黑洞是一个引力场极强的区域，强到光线也不能克服引力场而逃逸，以致远方的观测者无法接收到由该天体表面发出的光线，而只能靠物质的巨大引力场感知它的存在。按照广义相对论的概念，它就是一片"高度弯曲的时空"。对这样一个区域的深入研究表明，黑洞可能有不少惊世骇俗的性质，参见"AR演示：黑洞"。

从经典的角度，爱因斯坦认为引力场是通过引力子传播的，并预言引力场也会像电磁场那样辐射出去，即以光速传播的引力波。爱因斯坦认为引力波与电磁波既有相似，又有不同。相似之处是二者均为横波，不同之处是，电磁场是矢量波，引力波是张量波。从时空几何角度看，引力波对应的是一种时空结构的扰动传播，可以形象地将之比喻为时空结构中的"涟漪"。

至今人们还没有发现引力子的实验证据。但引力波的探测取得了重要的进展。据《物理评论快报》上发表的文章报道，美国激光干涉引力波观测站（LIGO）于 2015 年 9 月 14 日 9 点 50 分 45 秒首次探测到了引力波。文章报道，两个分别为 29 倍和 36 倍太阳质量的黑洞旋转运动合并成了一个 62 倍太阳质量的黑洞。在这一过程中，发生了 3 个太阳质量的亏损。这 3 个太阳质量的亏损以引力波的形式辐射，并以光速传播，13 亿年后传到了地球，即该文章报道中所探测到的引力波。

报道中的引力波探测是利用迈克耳孙干涉仪原理进行的。干涉仪的两个互相垂直臂的臂长达 4 km，以 100 kW 的激光作为干涉源。无论是从经典角度理解的引力波，还是从相对论角度理解的时空结构中的"涟漪"，它会引起空间距离的拉伸或压缩的扰动。从而给干涉仪两个垂直臂之间的距离带来扰动，进而引起干涉条纹的变化。报道中引力波在不超过 1 s 内引起了十几次空间距离的微振动，微振动幅度仅是原子核尺寸的千分之一量级。这样一个由引力波引起的极微小的空间距离扰动被激光干涉条纹所记录。参见"AR 演示：引力子与引力波"。

AR 演示：引力子与引力波

6.3.2.6 GPS 时钟校正

狭义相对论的运动时钟变慢以及广义相对论的引力时钟延缓有现实生活的例证，即 GPS（全球定位系统）时钟校正问题。GPS 通过人造地球卫星所传送的时钟信号来确定地球上某个物体的精确位置。目前，联合国全球卫星导航系统国际委员会认定的全球卫星导航系统有四家：美国的全球定位系统，俄罗斯的格洛纳斯（GLONASS，全球卫星导航系统），中国的北斗卫星导航系统，欧盟的伽利略卫星导航系统。GPS 是如何定位的呢？每一颗人造地球卫星都会发出一个时钟信号，每个信号的运动轨迹是以光速传播的一个圆。地球上的接收装置在同时接收到四个人造地球卫星发射的时钟信号后，通过程序进行计算就可以确定自身所在的经纬度。如果在汽车里安装接收装置，配以电子地图，就可以实现车的导航。

授课录像：GPS 时钟校正

由于人造地球卫星在距地面一定高度的轨道上高速运动，即使人造地球卫星和地面接收装置使用的是相同精度且已经过校准的时钟（实际采用精密的原子钟），由于相对论效应，二者的走时间隔仍然不会同步，会产生不可忽略的系统误差。研究表明，由相对论效应导致的误差包含两项，一是由于人造地球卫星和地面接收装置相对地心坐标系运动速度不同而引起的狭义相对论效应误差，使人造地球卫星上的时钟与地面上的相比，每 24 h 慢约 7 μs；二是由于人造地球卫星和地面接收装置所处的地球引力场不同而引起的广义相对论效应误差，这一效应使人造地球卫星上的时钟比地面的快，每 24 h 快约 45 μs。两项合计结果，地面接收到的星载时钟信号每 24 h 要比地球的时钟快 38 μs。这 38 μs 将导致大约 10 km 的定位误差，大大影响人们的正常使用。因此，在设置 GPS 定位程序时，要对包含相对论效应的各项误差进行修正，称为精密定位技术，这也是 GPS 应用的前沿课题。参见"AR 演示：GPS 时钟校正"。

AR 演示：GPS 时钟校正

6.3.3 宇宙与天体

宇宙一词，宇的原义是指空间，宙的原义是指时间。但从近代的广义相对论可知，物质和时空是互相依存不可分离的，因此，宇宙的现代概念也可以说是时空和一切物质的总和。由于人们生活的宇宙浩瀚无际，所以只有靠长时间地观测和可利用的理论模型不断推论出宇宙和天体的运动规律。本节介绍宇宙和天体的结构、起源、现状和未来，发光星体分类与演化等基本知识，具体如下：

6.3.3.1 宇宙的物质结构与年龄

宇宙是由星体和星际物质（星际气体、尘埃、星云、星际磁场、暗物质、暗能量等）组成的。星体包括（按密度大小排序）：黑洞、中子星、恒星、白矮星、行星、卫星等，其中，恒星是能够主动发光的，行星和卫星是不能够主动发光的。行星围绕恒星运动，卫星围绕行星运动。围绕太阳运动的行星和围绕这些行星各自运动的卫星与太阳一起所构成的系统称为太阳系。由相邻的多个类似于太阳系的系统以及星际物质所构成的体系称为星系。太阳系所在的星系称为银河系，银河系之外的称为河外星系，上千亿个这样的星系就构成了宇宙。

授课录像：宇宙的物质结构与年龄

AR 演示：宇宙结构与年龄

当前人类在空间的观测范围已达 100 亿光年左右（1 光年是光在真空中传播一年所走的距离），在时间观测方面也约达 100 亿年。在这个范围内，可观测的对象包含着上百亿像银河系这样的星系。目前的观测和理论估计表明：宇宙的空间距离上限约 200 亿光年，宇宙的年龄上限在 100 亿年至 200 亿年之间，太阳系的年龄在 45 亿年至 50 亿年之间，参见"AR 演示：宇宙结构与年龄"。

我们赖以生存的地球是太阳系的一员，而太阳系又是银河系中极为普通的一员。按照传统说法，太阳系由太阳、"九大行星（包括各自的卫星）"、矮行星和彗星等组成。"九大行星"分别是水星、金星、地球、火星、木星、土星、天王星、海王星和冥王星。在 2006 年 8 月 24 日于布拉格举行的第 26 届国际天文学联合会通过的第 5 号决议中，冥王星被划为矮行星，并命名为"小行星 134340 号"。之所以修改行星的定义，是由于新的天文发现不断使"九大行星"的传统观念受到质疑。冥王星所处的轨道在海王星之外，属于太阳系外围的柯伊伯带，这个区域一直是太阳系小行星和彗星诞生的地方。20 世纪 90 年代以来，天文学家发现柯伊伯带有更多围绕太阳运行的大天体，比如，美国天文学家布朗发现的"2003UB313"就是一个直径和质量都超过冥王星的天体。因此，将"九大行星"改为"八大行星"就不难理解了，参见"AR 演示：太阳系"。

AR 演示：太阳系

授课录像：宇宙的统一整体性——宇宙学原理

6.3.3.2 宇宙的统一整体性——宇宙学原理

宇宙有没有中心？中心在哪？历来是哲学家所关心的问题。很多宗教中的宇宙模型都是有中心的，而且多半把它设想在地球的"天上"某处。

公元 140 年前后，古希腊学者托勒密总结了人类长期观测天象的结果结合他自己的研究，写成了一部共 13 卷的巨著《天文学大成》，赋予了宇宙的"地心说"完善的形式，说明了行星的表观运动，并且能够计算行星未来的位置，还给出了计算月食和日食的方法，因此，托勒密的观点成为"地心说"的学术支柱，统治世界 1300 多年，也成了西方中世纪宗教世界观的重要组成部分。

然而，托勒密的观点是错误的，而且他的理论体系也十分复杂，早就受到许多有识之士的质疑，但慑于学术权威和教会的势力，没有人敢公开反对。直到16世纪初，波兰天文学家哥白尼经过30多年的研究，写成了伟大的著作《天体运动论》，指出地球和其他行星都是同样围绕太阳公转的，提出了先进的"日心说"。

哥白尼的"日心说"是划时代的伟大理论，它冲破了陈旧、保守、腐朽的宗教思想的束缚，向着真理迈进了一大步。然而，太阳果真是宇宙的中心吗？后来的天文观测发现，太阳其实也是银河系中极其普通的一员。它也环绕着银河系的中心旋转。那么，银河系中心是宇宙的中心吗？随着天文学观测进入宇宙的更深层次，人们发现整个银河系也是相对于其他星系运动的。我们不禁要问，宇宙到底有没有中心？

现代宇宙学的一个基本出发点是认为宇宙没有中心。这个论断可以表述为："宇宙中没有任何一点具有优越性，所有位置都是平权的"，称为宇宙学原理。宇宙学原理中的论断是相对宇观尺度而言的，在太阳系这个小小的局部范围，太阳无疑处于优越的位置。但若把范围扩大到成千万甚至上亿光年，那太阳只不过是千千万万恒星中一个极其普通的恒星罢了。

从宇宙学原理可以推断出宇宙中的物质分布是均匀的。此种推断对一个局部的小范围自然不成立，但若相对线度达百万光年以上的"体积单元"而言，其平均密度就都是一样的。

宇宙学原理也意味着时空具有"整体性"，这与近代的天文观测推断大体上是一致的，例如：数以百亿计的星系大多数可归属于为数不多的几种形态，而质量等内在的性质差异并不大；已知天体都有相近的化学组成；较老的星体的年龄都在100亿年左右；绝大多数星系所发出的光谱线都有"红移"现象；存在着各向同性的电磁辐射"背景"等。所有这些统一的特性不可能用个别天体的运动来解释，它反映了宇宙在大尺度范围内存在整体的结构、运动和演化，参见"AR演示：宇宙的统一整体性"。

AR演示：宇宙的统一整体性

6.3.3.3 宇宙在膨胀——哈勃定律与奥伯斯佯谬

20世纪以前，宇宙学是哲学家的领地。大多数西方哲学家都认为宇宙是恒定的，即宇宙作为一个整体是不变的，没有创生，也没有消亡。自20世纪以来，特别是爱因斯坦创立广义相对论之后，情况发生了变化。迄今为止，在人们所知道的各种力中，引力是唯一不可屏蔽的长程作用力。对于分布于大范围时空中的物质和时空本身，引力应该是起决定作用的力。因此引力决定宇宙动力学，从而决定宇宙的演化。广义相对论的诞生，为人们研究宇宙提供了一个可靠的基础理论。

授课录像：宇宙在膨胀——哈勃定律与奥伯斯佯谬

由爱因斯坦的引力场方程可以推论出宇宙运动的三种可能形式，分别为宇宙静止、宇宙膨胀、宇宙收缩。观测表明，当今的宇宙正在膨胀，其观测现象表现为哈勃定律与奥伯斯佯谬。今后宇宙运动会是上述三种形式中的哪种，根据现有的观测资料和目前的理论尚无定论，这也是目前宇宙学所探讨的问题之一。

1929年，美国天文学家哈勃研究了24个已知距离的星系，在测量了这些星系的谱线后发现，谱线中都出现了红移现象。根据多普勒效应的红移规律可知，这些星系都是远离我们而去的，这说明宇宙在膨胀。哈勃发现，谱线的红移量与星系的距离成正比，得出星系退行速率与距离成正比的结论，称为哈勃定律。哈勃定律是宇宙在膨胀的直接证据。

"夜晚的天空为什么是黑的？"

"因为夜晚没有阳光照亮天空，所以天空是黑的。"

"但是夜晚也有许许多多像太阳，甚至比太阳还要亮的恒星照亮地球呀！"

"是如此，但这些恒星都离地球太遥远了，因而照射到地球上的光强就十分微弱了，所以夜空还是黑的。"

这段对话似乎很有道理。但假定宇宙空间是无限的，计算宇宙的所有恒星发射到地球上的光子数总和就会发现，这些光子的总和远远大于太阳发射到地球上的光子数，按此推断，地球上夜晚的天空也应该是光辉灿烂的。这个"黑夜之谜"首先被奥伯斯系统地研究过，因此又称为奥伯斯佯谬，是一个长期困扰人们的问题。奥伯斯佯谬是在假定宇宙空间是无限而且处于稳恒态的条件下，计算宇宙的所有恒星发射到地球上的光子总和的。可以从两个方面解释奥伯斯佯谬：其一，宇宙在膨胀，按照哈勃定律，距离越远的天体退行速度越大，对应的红移也越大，这样遥远星系所发的光到达地球时，大多在红外波段，能量也变得很小，所以人眼看不见；其二，宇宙的年龄有限（宇宙的有限性）。奥伯斯佯谬的解答是宇宙在膨胀的间接证据，参见"AR演示：宇宙膨胀"。

AR演示：
宇宙膨胀

授课录像：
宇宙大爆炸
理论模型

6.3.3.4 宇宙的起源——大爆炸理论模型

目前有不同的宇宙模型试图回答宇宙的起源问题，如稳恒态宇宙模型、振荡宇宙模型、阶梯宇宙模型、引力常量可变的宇宙模型、大爆炸宇宙模型等。到目前为止，科学界公认的还是大爆炸理论模型。

宇宙大爆炸（Big Bang）仅仅是一种学说，是根据天文观测研究后得到的一种设想。大约在150亿年前，宇宙所有的物质都高度密集在一点，有着极高的温度，因而发生了巨大的爆炸。大爆炸以后，物质开始向外大膨胀，后来就形成了今天我们看到的宇宙。大爆炸的整个过程是复杂的，现在只能在理论研究的基础上，描绘远古的宇宙发展史。在这150亿年中先后诞生了星系团、星系（包括我们的银河系）、恒星（包括太阳系）、行星、卫星等。现在我们看见的和看不见的一切天体和宇宙物质，形成了当今的宇宙形态，人类就是在这一宇宙演变中诞生的。

人们是怎样推测出曾经可能有过宇宙大爆炸呢？这就要依赖天文学的观测和研究。我们的太阳只是银河系中的一两千亿个恒星中的一个。而与我们银河系同类的星系，即河外星系还有千千万万。从观测中发现了那些遥远的星系都在远离我们而去，离我们越远的星系，远离的速度越快，因而形成了膨胀的宇宙。对此，人们开始反思，如果把这些向四面八方远离的星系运动倒过来看，它们可能当初是从同一源头发射出去的，是不是意味着在宇宙之初发生过一次难以想象的宇宙大爆炸呢？后来又观测到了遍布于宇宙的微波背景辐射，说明大约在137亿年前宇宙大爆炸所产生的余波虽然是微弱的，但确实存在。这一发现对宇宙大爆炸是个有力的支持。

宇宙大爆炸理论是现代宇宙学的一个主要流派，它能较满意地解释宇宙中的一些根本问题。宇宙大爆炸理论虽然在20世纪40年代才被提出，但20世纪20年代以来就有了萌芽，若干天文学者均观测到，许多河外星系的光谱线与地球上同种元素的光谱线相比，都有波长变化，即红移现象。

到了1929年，美国天文学家哈勃总结出星系谱线红移大小与星系同地球之间的距离成正比的规律。他在理论中指出：如果认为谱线红移是多普勒效应的结果，则意味着河外星系都在离开我们向远方退行，而且距离越远的星系远离我们的速度越快，这正是一幅宇宙膨胀的图像。

1932年勒梅特首次提出了现代宇宙大爆炸理论：整个宇宙最初聚集在一个"原始原子"中，后来发生了大爆炸，碎片向四面八方散开，形成了我们的宇宙。

20世纪40年代美国天体物理学家伽莫夫等人正式提出了宇宙大爆炸理论。该理论认为，宇宙在遥远的过去曾处于一种极高温和极大密度的状态，这种状态被形象地称为"原始火球"。所谓原始火球也就是一个无限小的点，火球爆炸，宇宙就开始膨胀，物质密度逐渐变稀，温度也逐渐降低，直到今天的状态。这个理论能自然地说明河外天体的谱线红移现象，也能圆满地解释许多天体物理学问题，然而直到20世纪50年代，人们才开始广泛注意这个理论。

20世纪60年代，彭齐亚斯和威耳孙发现了宇宙大爆炸理论的新的有力证据，他们发现了宇宙的微波背景辐射，后来他们证实宇宙微波背景辐射是宇宙大爆炸时留下的遗迹，从而为宇宙大爆炸理论提供了重要的依据。他们在测定射电强度时，在7.35 cm波长上，意外探测到一种微波噪声。无论天线转向何方，无论白天黑夜、春夏秋冬，这种神秘的噪声都持续和稳定，相当于3 K的黑体发出的辐射。这一发现使天文学家们异常兴奋，他们早就估计到当年大爆炸后，总会留下点什么，每一个阶段的平衡状态，都应该有一个对应的等效温度，作为时间前进的"嘀嗒"声。彭齐亚斯和威耳孙也因此获得1978年诺贝尔物理学奖。

20世纪科学的智慧和毅力在霍金的身上得到了集中的体现，他对于宇宙起源后10^{-43} s以来的宇宙演化图景作了清晰的阐释。宇宙的起源：最初是比原子还要小的奇点，然后是大爆炸，通过大爆炸的能量形成了一些粒子，这些粒子在能量的作用下，逐渐形成了宇宙中的各种物质。至此，大爆炸理论模型成为最有说服力的宇宙起源理论。在宇宙的大爆炸理论模型中，爆炸初期涉及微观粒子的形成，后期变为天体结构的演化。这样，物理学中研究最大对象和最小对象的两个分支——宇宙学和粒子物理学，竟奇妙地衔接在了一起，结成密不可分的姊妹学科，犹如一条怪蟒咬住了自己的尾巴。

大爆炸理论虽然并不成熟，但是仍然是主流的宇宙形成理论，其关键就在于目前有一些证据，比如红移现象、哈勃定律、氢与氦以及微量元素的丰度（相对含量）、宇宙背景辐射、背景辐射的微量不均匀等的支持。参见"AR演示：宇宙大爆炸"。

AR演示：宇宙大爆炸

6.3.3.5 暗物质与暗能量

21世纪初科学最大的谜是暗物质和暗能量。它们的存在，向全世界年轻的科学家提出了挑战。虽然人们目前知道它们的存在，但不知道它们是什么，它们的构成也和人类已知的物质不同。

授课录像：暗物质与暗能量

暗物质：

目前，无论是理论的推断，还是天文的观测，都说明了暗物质的存在。

1933年，瑞士天文学家兹威基发表了一个惊人研究结果：在星系团中，看得见的星系只占总质量的 1/300 以下，而 99% 以上的质量是看不见的。不过，许多人并不相信兹威基的研究结果。直到 1978 年才出现第一个令人信服的证据，这就是物体围绕星系转动的速度。我们知道，根据人造地球卫星运行的速度和高度，就可以测出地球的总质量。根据地球绕太阳运行的速度和地球与太阳的距离，就可以测出太阳的总质量。同理，根据物体（星体或气团）围绕星系运行的速度和该物体距星系中心的距离，就可以估算出星系范围内的总质量。计算结果表明，星系的总质量远大于星系中可见星体的质量总和。结论似乎只能是：星系里必有看不见的暗物质。

天文学的观测表明，宇宙中有大量的暗物质，特别是存在大量的非重子物质（静止质量为零或者质量很小的物质）。

根据天文学家的估算，未知的暗物质约是已知物质的 5 倍。也就是说，如果将已知物质和未知的暗物质作为宇宙的总质量的话，宇宙中可观测到的各种星际物质、星体、恒星、星团、星云、类星体、星系等的总和只占宇宙总质量的 17%，83% 的物质还没有被直接观测到。

暗能量：

支持暗能量的主要证据有两个。一是对遥远的超新星所进行的大量观测表明，宇宙在加速膨胀。按照爱因斯坦的引力场方程，加速膨胀的现象推论出宇宙中存在着压强为负的"能量"。另一个证据来自于近年对微波背景辐射的研究，该研究精确地测量出了宇宙中物质的总密度，总密度对应的能量中也出现短缺的未知能量。这些未知的能量称为"暗能量"。

根据天文学家的估算，从质量与能量对应关系的角度看，暗能量约占宇宙总能量的 70%。

目前的物理学基本理论还无法解释暗物质和暗能量。暗物质与暗能量是 21 世纪物理学面临的最大的挑战。物理学对暗物质与暗能量的探索才刚刚开始。虽然众说纷纭，但仅仅是一些猜测和设想，远没有形成一个基本合理的解释。科学家正在计划发射新的探测卫星，对宇宙大尺度空间进行更多、更精确、更系统的观测，进一步研究宇宙加速膨胀的规律，以确定暗物质与暗能量的形式和物理特征。解决这一问题需要新的理论，这样的理论一旦被找到，很可能是人们长期追求的包括引力在内的各种相互作用统一的理论。这将是一场重大的物理学革命。为探索暗物质和暗能量的秘密，世界各国的粒子物理学家正在这个领域努力工作，旨在揭开暗物质和暗能量的神秘面纱。参见"AR 演示：暗物质与暗能量"。

AR 演示：暗物质与暗能量

6.3.3.6 恒星的演化

授课录像：恒星的演化

恒星是宇宙中至关重要的天体，肉眼看到的天上的星星，几乎都是恒星。恒星区别于行星的一个重要性质是恒星通过核反应而发光。古人认为它们是"固定不动的"，所以称之"恒星"，但是随着天文学的发展，人们知道了恒星不仅是运动着的，而且自身还在不断地演化。恒星也经历诞生、演化和死亡，现在的宇宙每时每刻都在进行着这样的活动。

恒星的形成

恒星是由星际物质凝聚而形成的。宇宙空间中存在分子云，其中的物质会在万有引力的作用下相互吸引并向内收缩，形成原恒星。当温度超过 7×10^6 K 时，氢核聚变形成氦核的反应开始，当该反应形成的热压力与万有引力达到流体静力学平衡时，星体停止收缩，形成了恒星。同时，氢核聚变反应给恒星提供了足够的辐射发光能量。

恒星的演化

恒星"一生"的主要过程之一是进行氢变氦的热核反应，产生的热压力抗衡自身的万有引力，使恒星长期维持平衡状态。决定恒星演化的重要因素之一是恒星的初始质量。小质量恒星的核反应速度较慢，寿命较长；大质量恒星的核反应速度较快，生命期较短。小质量恒星在核心供应的氢耗尽之后，将形成红巨星，并继续燃烧碳和氧；经过质量损失，小质量恒星最终会演化成白矮星。大质量恒星燃烧较快，在氢、碳和氧燃尽之后，核心周围的温度和压力增长，将元素燃烧为铁；最后，因不能维持热压力和引力的平衡而以超新星爆发结束一生。超新星爆发会有三种结果，物质可能被弥散到宇宙空间中，也可能形成中子星或者黑洞。

恒星的终态——白矮星、中子星、黑洞

研究资料显示，定性来看，质量较小的恒星（几倍太阳质量）最终会演化成白矮星，以电子简并压力来支撑其自身引力。质量较大的恒星（约十倍太阳质量）最终会演化成中子星，它是当超新星爆发产生的剧烈压缩使电子并入质子转化成中子后，靠中子简并压力支撑自身的引力而形成的。质量更大的恒星（几十倍以上的太阳质量）经超新星爆发后最终坍缩成黑洞，它没有任何的压力支撑自身的引力。

白矮星的密度较大，1个太阳质量大小的白矮星体积一般与地球体积相当，质量较大的白矮星半径反而更小。白矮星的质量不能大于1.4倍太阳质量（称为钱德拉塞卡极限），否则电子简并压力不能够支撑其自身引力。白矮星靠过去储存的热能发出微弱的光，在宇宙中平静的存在着。目前已经观测到的白矮星有1000颗以上。

中子星密度比白矮星的大，一颗典型的中子星质量为1.35～3.2倍太阳质量，半径则为10～20 km（质量越大半径越小）。同白矮星一样，中子星也靠过去储存的热能发出微弱的光。中子星转速极快，磁场很强，脉冲星可认为是快速旋转的中子星。目前已发现的几百颗脉冲星基本都是中子星。

黑洞的密度极大，其质量一般大于4倍太阳质量，超大黑洞的质量可能有太阳质量的数百万至数十亿倍。黑洞没有通常概念上的大小，只能由视界来衡量。它的引力强到不允许任何光线离开它，因此黑洞本身不会发光。根据相对论，黑洞周围空间被严重扭曲，有很多奇异的性质。黑洞是否稳定，如何蒸发等问题都是当今研究的热点。参见"AR 演示：恒星的演化"。

AR 演示：
恒星的演化

6.3.3.7 发光星体的观测分类

在晴朗的夜晚，人们看到的满天星星，其中绝大部分都是由炽热气体形成的能自己发光的恒星，以及由气体和尘埃组成的云雾状的星云。天上的星星很多，并且绝大多数是恒星，用人的肉眼能看到大约6000颗。地球上观察者如何区分这些眼花缭乱的星体呢？

授课录像：
发光星体的观测分类

为了便于记忆和研究星空，古代的巴比伦人将地球上所能看到的天空分成了许多区域，称之为"星座"，每一个星座由其中的亮星的特殊分布来辨认。古希腊人在公元前270年前后把他们所能见到的部分天空划分成48个星座，用假想的线条将星座内的主要亮星连起来，把它们想象为人物或动物的形象，并结合神话故事给它们取了合适的名字，这就是星座名称的由来。古希腊神话故事中的48个星座都居于北方天空和赤道南北，刚好是我们常见的。记住这些星座的位置、名字和与周围其他星座的关系，并记住把主要亮星连起来的想象图，可以帮助我们辨认星空。

1928年，国际天文学联合会公布了全天88个星座的方案。由于地球绕太阳公转，从地球看去，太阳像是在星座之间移动，于是就把太阳的运行路线称为黄道。而月球和行星的轨迹基本不离黄道上下9°的狭窄区域，人们又将这个区域称为黄道带。88个星座中，分布在黄道以北的有29个星座，黄道附近（黄道带内）的有13个星座，分布在黄道以南的有46个星座。

自古以来，黄道带有着特殊的天文学和占星学上的意义，古时黄道带内有十二个星座（宝瓶座、双鱼座、白羊座、金牛座、双子座、巨蟹座、狮子座、室女座、天秤座、天蝎座、人马座、摩羯座），而太阳基本上是每个月经过一个黄道星座，所以称为黄道十二宫。太阳对于某个星座位置时出生的人，被人们对应为属于该星座。现在，由于岁差的缘故，太阳经过黄道十二宫的日期已经和古代大不相同，而且黄道带内也多了一个星座：蛇夫座。参见"AR演示：发光星体的观测分类"。

AR演示：发光星体的观测分类

参 考 文 献

［1］张汉壮，王文全. 力学. 3版. 北京：高等教育出版社，2015.

［2］爱因斯坦. 爱因斯坦文集. 许良英，范岱年，译. 北京：商务印书馆，1976.

［3］温伯格. 引力论与宇宙论：广义相对论的原理和应用. 邹振隆，张历宁，等译. 北京：科学出版社，1980.

［4］POLLACK G L. Electromagnetism. 北京：高等教育出版社，2005.

［5］JACKSON J D. Classical Electrodynamics. 北京：高等教育出版社，2004.

［6］郭硕鸿. 电动力学. 3版. 北京：高等教育出版社，2008.

［7］蔡圣善，朱耘，徐建军. 电动力学. 2版. 北京：高等教育出版社，2002.

［8］胡友秋，程福臻，叶邦角，等. 电磁学与电动力学：上册. 2版. 北京：科学出版社，2014.

［9］胡友秋，程福臻. 电磁学与电动力学：下册. 2版. 北京：科学出版社，2014.

［10］陈泽民. 近代物理与高新技术物理基础. 北京：清华大学出版社，2001.

［11］刘辽，赵峥. 广义相对论. 2版. 北京：高等教育出版社，2005.

［12］王永久. 空间、时间和引力. 长沙：湖南教育出版社，1999.

［13］郑庆璋，崔世治. 相对论与时空. 2版. 太原：山西科学技术出版社，2001.

［14］梁灿彬，周彬. 微分几何入门与广义相对论. 2版. 北京：科学出版社，2014.

［15］秦克诚. 方寸格致：邮票上的物理学史增订版. 北京：高等教育出版社，2014.

［16］郭奕玲，沈慧君. 诺贝尔物理学奖1901—2010. 北京：清华大学出版社，2012.

［17］斯夸艾，巴德. 爱德华威廉姆斯莫雷的一生及其贡献. 物理教学，1989，09：33-34.

［18］钱德拉塞卡，爱丁顿. 当代天体物理学家. 吴智仁，王恒碧，译. 上海：上海远东出版社，1991.

［19］ABBOTT B P, et.al. Observation of Gravitational Waves from a Binary Black Hole Merger. Phys. Rev. Lett., 2016, 116（6）：061102.

［20］ASHBV N. Relativity in the Global Positioning System. Living Rev. Relativity, 2003, 6：257-289.

附录 1
机械运动领域科学家信息一览表

国籍	中译名	英文名	生卒年	终年	人物关系与代表性成就	传记录音解释
古希腊	亚里士多德	Aristotle	公元前384—前322	62岁	主要著作《物理学》被称为古代世界学术的百科全书，对其后近千年的历史都有很大影响	
古希腊	阿基米德	Archimedes	公元前287—前212	75岁	建立静力学平衡定律；提出浮力定律、滑轮原理和杠杆原理	
古罗马	托勒密	Ptolemy	100—170	70岁	创立"地心说"宇宙观，著作《天文学大成》是希腊天文学和宇宙思想的顶峰，天文学的百科全书，统治天文学长达13个世纪	
波兰	哥白尼	Nicolaus Copernicus	1473—1543	70岁	提出"日心地动说"宇宙观，出版著作《天体运行论》，被恩格斯评价为"自然科学的独立宣言"	
丹麦	第谷	Tycho Brahe	1546—1601	55岁	积累了大量的对恒星、行星、彗星的观测资料，为开普勒创立行星运动定律提供基础	
荷兰	斯蒂文	Simon Stevin	1548—1620	72岁	出版《静力学原理》，发展了阿基米德静力学；首次通过实验表明不同重量的落体按相同规律下落	
意大利	伽利略	Galileo Galilei	1564—1642	78岁	用自制的望远镜观测到的金星"相位相"现象，为"日心说"提供了决定性的证据；出版《关于托勒密和哥白尼的两大世界体系的对话》，系统介绍日心说宇宙体系；出版《关于力学和运动的两门新科学的对话》，首先通过人工设计实验及思想推理获得自由落体定律和惯性定律	

附录1 机械运动领域科学家信息一览表

续表

国籍	中译名	英文名	生卒年	终年	人物关系与代表性成就	传记录音解释
德国	开普勒	Johannes Kepler	1571—1630	59岁	第谷的助手,提出太阳系行星运动的"开普勒三定律",确立了行星围绕太阳运行的轨道体系规律	
德国	居里克	Otto von Guericke	1602—1686	84岁	发明真空泵,通过马德堡半球实验使真空的概念深入人心	
意大利	托里拆利	Evangelista Torricelli	1608—1647	39岁	伽利略的学生,进行"托里拆利实验",发明气压计	
法国	帕斯卡	Blaise Pascal	1623—1662	39岁	发现流体静力学基本原理之一,即帕斯卡原理	
英国	玻意耳	Robert Boyle	1627—1691	64岁	提出"玻意耳-马略特定律",即一定质量的气体在温度不变时,压强和体积成反比	
荷兰	惠更斯	Christian Huygens	1629—1695	66岁	发现碰撞过程动量守恒原理;创立光的波动说理论	
英国	胡克	Robert Hooke	1635—1703	68岁	玻意耳的助手,提出弹性定律,即弹性体的形变与加在弹性体上的力成正比	
英国	牛顿	Isacc Newton	1643—1727	84岁	通过三棱镜实验解释了颜色的起源;出版《自然哲学的数学原理》,提出牛顿第一、第二和第三定律及万有引力定律,奠定了经典力学的基础,使力学成为系统完整的科学	
德国	莱布尼茨	Gottfried Wilhelm Leibniz	1646—1716	70岁	独立于牛顿发明微积分的数学方法	
英国	哈雷	Edmond Halley	1656—1742	86岁	用牛顿力学方法计算并正确预言了彗星轨道运动周期	
瑞士	伯努利	Daniel Bernoulli	1700—1782	82岁	出版《流体动力学》,提出著名的"伯努利方程"	
法国	达朗贝尔	Jean le Rond d'Alembert	1717—1783	66岁	出版《动力学论》,提出达朗贝尔原理	

附录 1　机械运动领域科学家信息一览表

续表

国籍	中译名	英文名	生卒年	终年	人物关系与代表性成就	传记录音解释
英国	卡文迪许	Henry Cavendish	1731—1810	79 岁	通过扭秤实验验证了牛顿的万有引力定律，从而确定了引力常量、地球的质量以及地球的平均密度，成为"第一个称量地球的人"	
意大利	拉格朗日	Joseph-Louis Lagrange	1736—1813	77 岁	出版《分析力学》，创立拉格朗日表述的分析力学	
德国	马格纳斯	Heinrich Gustav Magnus	1802—1870	68 岁	亥姆霍兹的老师，发现"马格纳斯效应"	
德国	雅可比	Carl Gustav Jacob Jacobi	1804—1851	47 岁	在哈密顿正则方程组基础上推导出哈密顿-雅可比方程	
英国	哈密顿	William Rowan Hamilton	1805—1865	60 岁	发表《论动力学的一种普遍方法》和《再论动力学中的普遍方法》，创立哈密顿表述的分析力学	
法国	傅科	Jean Bernard Leon Foucault	1819—1868	49 岁	通过傅科摆实验首次直接演示地球自转效应	

附录2
热运动领域科学家信息一览表

国籍	中译名	英文名	生卒年	终年	人物关系与代表性贡献	传记录音解释
法国	马略特	Edme Mariotte	1620—1684	64岁	独立于玻意耳提出"玻意耳–马略特定律",即一定质量的气体在温度不变时,压强和体积成反比	
英国	玻意耳	Robert Boyle	1627—1691	64岁	首先提出"玻意耳–马略特定律",即一定质量的气体在温度不变时,压强和体积成反比	
德国	华伦海特	Daniel Gabriel Fahrenheit	1686—1736	50岁	建立华氏温标	
瑞典	摄尔修斯	Anders Celsius	1701—1744	43岁	建立摄氏温标	
英国	布莱克	Joseph Black	1728—1799	71岁	发现比热容、潜热	
英国	瓦特	James Watt	1736—1819	83岁	发明新型实用的蒸汽机	
法国	查理	Jacques Alexandre Cesar Charles	1746—1823	77岁	提出在体积不变时,理想气体的压强与温度成正比的定律,即查理定律(因未公开发布,年代不详)	
英国	布朗	Robert Brown	1773—1858	85岁	发现布朗运动	
意大利	阿伏伽德罗	Amedeo Avogadro	1776—1856	80岁	提出阿伏伽德罗定律	
法国	盖吕萨克	Joseph Louis Gay-Lussac	1778—1850	72岁	发现气体膨胀的盖吕萨克定律	

附录2 热运动领域科学家信息一览表

续表

国籍	中译名	英文名	生卒年	终年	人物关系与代表性贡献	传记录音解释
法国	卡诺	Nicolas Carnot	1796—1832	36岁	提出卡诺定理，事实上建立了热力学第二定律	
法国	克拉珀龙	Benoit Paul Emile Clapeyron	1799—1864	65岁	提出理想气体的物态方程，即克拉珀龙方程	
德国	迈耶	Julius Robert Mayer	1814—1878	64岁	首先发现并表述了能量守恒思想	
英国	焦耳	James Prescott Joule	1818—1889	71岁	通过精密实验测定了热功当量数值，为建立热力学第一定律奠定了基础	
奥地利	洛施密特	Johann Josef Loschmidt	1821—1895	74岁	通过计算给出了标准状态下一立方厘米理想气体所含的粒子数，称"洛施密特数"	
德国	亥姆霍兹	Hermann Ludwig Ferdinand von Helmholtz	1821—1894	73岁	提出能量守恒定律的明确数学形式	
德国	克劳修斯	Rudolf Julius Emanuel Clausius	1822—1888	66岁	提出热力学第二定律的克劳修斯表述；提出熵的概念	
英国	开尔文	William Thomson, 1st Baron Kelvin	1824—1907	83岁	创立热力学温标；提出热力学第二定律的开尔文表述	
英国	麦克斯韦	James Clerk Maxwell	1831—1879	48岁	提出平衡态下气体分子运动速率分布律，称麦克斯韦速率分布律；提出麦克斯韦方程组，建立了电磁学的统一理论	
荷兰	范德瓦耳斯	Johannes Diderik van der Waals	1837—1923	86岁	因推导出气体和液体的物态方程获1910年诺贝尔物理学奖	
美国	吉布斯	Josiah Willard Gibbs	1839—1903	64岁	出版《统计力学的基本原理》，完成了经典统计力学的建立	

附录2 热运动领域科学家信息一览表

续表

国籍	中译名	英文名	生卒年	终年	人物关系与代表性贡献	传记录音解释
奥地利	玻耳兹曼	Ludwig Eduard Boltzmann	1844—1906	62岁	提出统计物理的基本假设，即等概率原理，为建立经典统计物理学作出奠基性贡献	
德国	能斯特	Walther Hermann Nernst	1864—1941	77岁	因提出热力学第三定律获1920年诺贝尔化学奖	
法国	佩兰	Jean Baptiste Perrin	1870—1942	72岁	因研究物质结构的不连续性特别是发现沉积平衡获1926年诺贝尔物理学奖	
波兰	斯莫卢霍夫斯基	Marian Smoluchowski	1872—1917	45岁	建立热力学涨落理论	
英国	福勒	Ralph Howard Fowler	1889—1944	55岁	狄拉克的老师；提出热力学第零定律	
印度	玻色	Satyendra Nath Bose	1894—1974	80岁	提出光子的玻色统计方法	
意大利/美国	费米	Enrico Fermi	1901—1954	53岁	提出费米统计方法；因证明了可由中子辐照而产生的新放射性元素的存在以及有关慢中子引发的核反应的发现获1938年诺贝尔物理学奖	

附录 3
电磁现象领域科学家信息一览表

国籍	中译名	英文名	生卒年	终年	人物关系与代表性贡献	传记录音解释
英国	吉尔伯特	William Gilbert	1544—1603	59 岁	出版最早系统研究磁现象的著作《论磁》	
美国	富兰克林	Benjamin Franklin	1706—1790	84 岁	通过著名的"风筝实验"证明雷电与地面电现象性质一致	
法国	库仑	Charlse-Augustin de Coulomb	1736—1806	70 岁	建立静止点电荷之间相互作用的定律即库仑定律	
意大利	伏打	Alessandro Volta	1745—1827	82 岁	发明伏打电堆	
法国	毕奥	Jean Baptist Biot	1774—1862	88 岁	和萨伐尔一起提出电流产生磁场的"毕奥-萨伐尔定律"	
法国	安培	André-Marie Ampère	1775—1836	61 岁	创立电动力学理论	
丹麦	奥斯特	Hans Christian Orsted	1777—1851	74 岁	首次发现电流的磁效应	
德国	高斯	Johann Carl Friedrich Gauss	1777—1855	78 岁	提出静电场的高斯定理；建立高斯光学理论	
德国	欧姆	Georg Simon Ohm	1789—1854	65 岁	建立恒定电路电流、电压和电阻之间的关系，即欧姆定律	
法国	萨伐尔	Félix Savart	1791—1841	50 岁	和毕奥一起提出电流产生磁场的"毕奥-萨伐尔定律"	
英国	法拉第	Michael Faraday	1791—1867	76 岁	首先发现电磁感应现象	

附录3 电磁现象领域科学家信息一览表

续表

国籍	中译名	英文名	生卒年	终年	人物关系与代表性贡献	传记录音解释
俄国	楞次	Heinrich Friedrich Emil Lenz	1804—1865	61岁	提出确定电磁感应中电流方向的基本定律，即楞次定律	
普鲁士/德国	基尔霍夫	Gustav Robert Kirchhoff	1824—1887	63岁	提出电路的基尔霍夫定律	
英国	麦克斯韦	James Clerk Maxwell	1831—1879	48岁	提出平衡态下气体分子运动速率分布律，称麦克斯韦速率分布律；提出麦克斯韦方程组，建立了电磁学的统一理论	
荷兰	洛伦兹	Hendrik Antoon Lorentz	1853—1928	75岁	因塞曼效应的发现和解释而获1902年诺贝尔物理学奖	
德国	赫兹	Heinrich Rudolf Hertz	1857—1894	37岁	亥姆霍兹的学生，首次实验证实了电磁波的存在	

附录 4
光现象领域科学家信息一览表

国籍	中译名	英文名	生卒年	终年	人物关系与代表性贡献	传记录音解释
荷兰	斯涅耳	Willebrord Snellius	1580—1626	46岁	提出光的折射定律	
法国	费马	Pierre de Fermat	1601—1665	64岁	提出光线传播的最小作用原理，也称费马原理	
意大利	格里马第	Francesco Maria Grimaldi	1618—1663	45岁	首先精确观察光的衍射现象（著作于去世后发表）	
丹麦	巴托林纳斯	Erasmus Bartholinus	1625—1698	73岁	罗默的老师，发现光的双折射现象	
荷兰	惠更斯	Christian Huygens	1629—1695	66岁	发现碰撞过程动量守恒原理；创立光的波动说理论	
英国	牛顿	Isaac Newton	1643—1727	84岁	通过三棱镜实验解释了颜色的起源；出版《自然哲学的数学原理》，提出牛顿第一、第二和第三定律及万有引力定律，奠定了经典力学的基础，使力学成为系统完整的科学	
丹麦	罗默	Ole Christensen Roemer	1644—1710	66岁	巴托林纳斯的学生，首次计算出光速的数量级	
英国	托马斯·杨	Thomas Young	1773—1829	56岁	首次实验验证光的干涉特性	
英国	布儒斯特	David Brewster	1781—1868	87岁	发现布儒斯特定律	
法国	菲涅耳	Augustin-Jean Fresnel	1788—1827	39岁	建立光的衍射理论	

续表

国籍	中译名	英文名	生卒年	终年	人物关系与代表性贡献	传记录音解释
英国	麦克斯韦	James Clerk Maxwell	1831—1879	48 岁	建立光的电磁理论	
德国/瑞士/美国	爱因斯坦	Albert Einstein	1879—1955	76 岁	由于在光电效应方面的研究而获 1921 年诺贝尔物理学奖	
美国	康普顿	Arthur Holly Compton	1892—1962	70 岁	因发现康普顿效应而获 1927 年诺贝尔物理学奖	

附录 5
微观现象领域科学家信息一览表

国籍	中译名	英文名	生卒年	终年	人物关系与代表性贡献	传记录音解释
德国	伦琴	Wilhelm Conrad Röntgen	1845—1923	78 岁	因发现 X 射线而获 1901 年首次诺贝尔物理学奖	
法国	贝可勒尔	Antoine Henri Becquerel	1852—1908	56 岁	因发现天然放射现象而获 1903 年诺贝尔物理学奖	
瑞典	里德伯	Johannes Rydberg	1854—1919	65 岁	提出元素光谱线规律的经验公式,即里德伯公式	
英国	J. J. 汤姆孙	Joseph John Thomson	1856—1940	84 岁	因发现电子而获 1906 年诺贝尔物理学奖	
德国	普朗克	Max Planck	1858—1947	89 岁	因发现能量子而获 1918 年诺贝尔物理学奖	
法国	皮埃尔·居里	Pierre Curie	1859—1906	47 岁	由于在放射性上的发现和研究而与其夫人玛丽·居里及同事贝可勒尔共同获得 1903 年诺贝尔物理学奖	
法国	玛丽·居里	Maria Sklodowska Curie	1867—1934	67 岁	由于在放射性上的发现和研究而与丈夫皮埃尔·居里及同事贝可勒尔共同获得 1903 年诺贝尔物理学奖。居里夫人又因镭元素的发现而获 1911 年诺贝尔化学奖	
德国	索末菲	Arnold Johannes Wilhelm Sommerfeld	1868—1951	83 岁	泡利、海森伯的老师,提出玻尔–索末菲原子模型	
英国	卢瑟福	Ernest Rutherford	1871—1937	66 岁	J. J. 汤姆孙的学生,因对元素蜕变以及放射化学的研究而获 1908 年诺贝尔化学奖	

续表

国籍	中译名	英文名	生卒年	终年	人物关系与代表性贡献	传记录音解释
美国	戴维孙	Clinton Joseph Davisson	1881—1958	77 岁	因发现电子衍射现象而获 1937 年诺贝尔物理学奖	
德国/英国	玻恩	Max Born	1882—1970	88 岁	因对波函数的统计学诠释而获 1954 年诺贝尔物理学奖	
丹麦	玻尔	Niels Henrik David Bohr	1885—1962	77 岁	卢瑟福的学生,由于对原子结构以及从原子发射出的辐射的研究而获 1922 年诺贝尔物理学奖	
奥地利	薛定谔	Erwin Rudolf Josef Alexander Schrödinger	1887—1961	74 岁	因提出薛定谔方程而获 1933 年诺贝尔物理学奖	
英国	G. P. 汤姆孙	George Paget Thomson	1892—1975	83 岁	J. J. 汤姆孙的儿子,因证实电子的波动性而获 1937 年诺贝尔物理学奖	
法国	德布罗意	Louis Victor de Broglie	1892—1987	95 岁	因发现电子的波动性而获 1929 年诺贝尔物理学奖	
美国	革末	Lester Halbert Germer	1896—1971	75 岁	戴维孙的助手,协助戴维孙进行了电子衍射实验	
奥地利	泡利	Wolfgang Ernst Pauli	1900—1958	58 岁	索末菲的学生,因发现泡利不相容原理而获 1945 年诺贝尔物理学奖	
德国	海森伯	Werner Heisenberg	1901—1976	75 岁	玻尔和索末菲的学生,因创立矩阵力学而获 1932 年诺贝尔物理学奖	
英国	狄拉克	Paul Adrien Maurice Dirac	1902—1984	82 岁	因提出狄拉克方程而获 1933 年诺贝尔物理学奖	
美国	费曼	Richard Phillips Feynman	1918—1988	70 岁	因在量子电动力学方面的贡献而获 1965 年诺贝尔物理学奖	

附录 6
时空结构领域科学家信息一览表

国籍	中译名	英文名	生卒年	终年	人物关系代表性贡献	传记录音解释
美国	莫雷	Edward Williams Moeley	1838—1923	85 岁	与迈克耳孙合作进行了著名的迈克耳孙–莫雷实验	
美国	迈克耳孙	Albert Abraham Michelson	1852—1931	79 岁	因发明光学干涉仪而获1907年获诺贝尔物理学奖	
荷兰	洛伦兹	Hendrik Antoon Lorentz	1853—1928	75 岁	因塞曼效应的发现和解释而获1902年诺贝尔物理学奖	
法国	庞加莱	Jules Henri Poincaré	1854—1912	58 岁	提出物理规律的相对性原理	
德国/瑞士/美国	爱因斯坦	Albert Einstein	1879—1955	76 岁	提出狭义相对论、创立广义相对论；由于在光电效应方面的研究而获1921年诺贝尔物理学奖	
英国	爱丁顿	Arthur Stanley Eddington	1882—1944	62 岁	通过观测日全食验证了广义相对论的光线在引力场中偏折效应	

郑重声明

高等教育出版社依法对本书享有专有出版权。任何未经许可的复制、销售行为均违反《中华人民共和国著作权法》，其行为人将承担相应的民事责任和行政责任；构成犯罪的，将被依法追究刑事责任。为了维护市场秩序，保护读者的合法权益，避免读者误用盗版书造成不良后果，我社将配合行政执法部门和司法机关对违法犯罪的单位和个人进行严厉打击。社会各界人士如发现上述侵权行为，希望及时举报，我社将奖励举报有功人员。

反盗版举报电话　（010）58581999　58582371
反盗版举报邮箱　dd@hep.com.cn
通信地址　北京市西城区德外大街4号　高等教育出版社法律事务部
邮政编码　100120

读者意见反馈

为收集对教材的意见建议，进一步完善教材编写并做好服务工作，读者可将对本教材的意见建议通过如下渠道反馈至我社。

咨询电话　400-810-0598
反馈邮箱　hepsci@pub.hep.cn
通信地址　北京市朝阳区惠新东街4号富盛大厦1座
　　　　　高等教育出版社理科事业部
邮政编码　100029

防伪查询说明

用户购书后刮开封底防伪涂层，使用手机微信等软件扫描二维码，会跳转至防伪查询网页，获得所购图书详细信息。

防伪客服电话　（010）58582300